INVENTAIRE
V 15036
(1-2)

I0076716

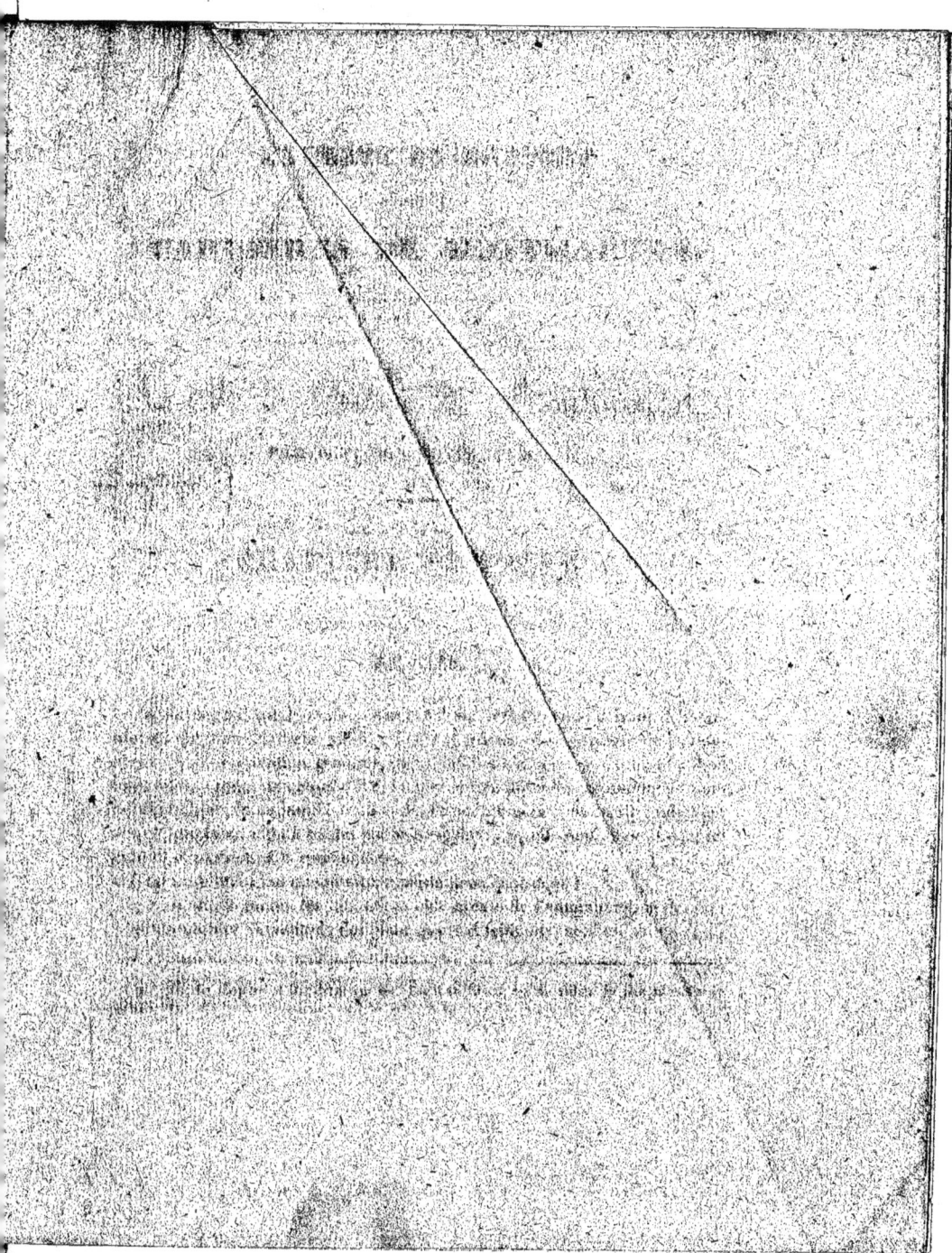

V 15036
(1-4)

EXTRAIT DU RAPPORT

CARRIÈRES DE MONTMARTRE.

A M. le Maire de Montmartre,

PRÉSIDENT DU CONSEIL MUNICIPAL.

CHAPITRE PREMIER[1].

EXPOSÉ.

J'ai été commis par le conseil municipal de Montmartre, suivant délibération en date du 1er février 1836, à l'effet d'assister, dans l'intérêt de la commune, à la vérification générale des plans des carrières y existantes. Dans cette même séance du conseil, il a été décidé que la commission donnée pour le même objet, le 11 janvier 1836, à M. Freix, géomètre, me serait continuée; et que, quant au sujet à traiter par mes rapports, je me renfermerais dans les prescriptions de la dite commission.

D'après ce titre, ma commission consiste principalement :

« 1° A suivre toutes les opérations des agents de l'administration des car-
« rières, vérifier l'exactitude des plans qui sont faits, les rectifier, s'il y a lieu,

---

(1) Nota. Ce chapitre et le suivant ont été rédigés et mis au net du milieu de juin au milieu de juillet 1836.

1

« y indiquer tous les travaux qui auraient pu être ajoutés, et déterminer, de
« la manière la plus exacte, le périmètre de chacune des carrières de basse
« masse, cavages ou à ciel ouvert ;

« Dans le cas où le front de masse serait masqué dans quelques parties, soit
« par des terres, soit par des murs, ou autrement, je devais requérir les tra-
« vaux nécessaires pour sa mise à découvert, et en rendre compte en cas de re-
« fus, obstacle ou empêchement quelconque;

« 2° Je devais constater la hauteur des terres qui chargent les ciels des
« exploitations souterraines, particulièrement dans la direction des murs
« mitoyens;

« 3° Sur le plan de chaque carrière ainsi complété, on devra indiquer la li-
« mite de la propriété de l'exploitant, rapporter la figure des propriétés con-
« tiguës, bâties ou non bâties, publiques ou particulières, afin que, par la seule
« inspection des plans, il y ait, pour chaque intéressé, possibilité de constater
« sa position par rapport à la carrière qui l'avoisine;

« 4° L'initiative de toutes ces opérations appartient aux agents de l'adminis-
« tration. Ma mission était toute de contrôle, et c'est à ce titre que je devrai
« certifier, comme agent communal, les copies qui seront faites dans le plus
« bref délai pour la commune, à la diligence de l'administration des carrières. »

Ma mission est terminée, et je viens en rendre compte.

Si, comme j'ai l'honneur de l'exprimer, ma mission est terminée, est-elle
en même temps complètement remplie? c'est-à-dire ses résultats satisfont-ils
également à la lettre de ma commission et au but que s'est proposé le conseil
municipal?

Pour répondre à cette question, je dirai que, quant à la lettre des instructions
qui m'ont été données, ma mission est remplie autant qu'il était possible qu'elle
le fût; que, quant au but que se proposait le conseil municipal, les résultats
de cette mission sont incomplets, mais pourront être complétés facilement
plus tard.

L'explication de ceci se trouve dans les impossibilités que renferme la lettre
de ma commission. Ainsi, les art. 1, 2 et 3, indiquent une série d'opérations
à faire; mais d'après l'art. 4, l'initiative de toutes ces opérations appartient aux
agents de l'administration; ma mission est toute de contrôle. Le but du conseil
municipal a été évidemment que toutes ces opérations soient faites. Cependant,
si elles ne l'ont pas été toutes, comme je n'avais qu'un contrôle à exercer, et
que l'initiative appartient à d'autres, ma mission est remplie du moment où
j'ai exercé ce contrôle sur toutes les opérations que les agents de l'administration

des carrières ont cru devoir faire. Je dois dire à ce sujet que cette initiative qui ne m'était point dévolue, j'ai cependant quelquefois jugé à propos de la prendre, et que, à deux exceptions près, j'ai toujours trouvé le géomètre de l'inspection générale des carrières, M. Bonichon, très-disposé à accéder à ce que je lui proposais.

En résultat, toutes les carrières par cavage ou par puits, non complètement remblayées ou écrasées, ont été vérifiées; cette vérification, pour les parties que des fontis rendaient inaccessibles, est devenue possible par suite de percements de recherches, opérés à travers les éboulements, et qui ont permis de reconnaître partout le front de masse. Pour les cavages de haute masse, l'épaisseur des terres de recouvrement a été mesurée contradictoirement, au moyen de nivellement; mais pour les exploitations par puits, M. Bonichon n'a pas cru devoir intervenir dans pareille constatation, parce que, a-t-il dit, cette épaisseur de terres ne doit entrer pour rien dans l'application du règlement. J'ai donc dû, pour les diverses exploitations par puits, prendre isolément cette donnée.

Ce géomètre a cru devoir également se refuser à toute vérification au sujet des carrières de haute masse d'André Muller et veuve Goguin; les seules vérifications qu'on pourrait aujourd'hui faire pour ces carrières ne présentant, soit dans son opinion, soit dans celle de MM. les inspecteurs des carrières, aucun intérêt. A la vérité, les vérifications possibles, et que j'avais demandées, se seraient nécessairement bornées à constater, sur les plans, les formes principales qu'affecte aujourd'hui le terrain, et cette constatation ne deviendra vraiment indispensable qu'au cas où le conseil municipal se déciderait à faire dresser un plan d'ensemble de la butte et des carrières qui la ceignent. Quant aux carrières de basse masse André Muller et Chevreuse, remblayées ou écrasées, je ne vois pas moi-même ce qu'il y aurait pu avoir à constater.

Je n'ai point parlé jusqu'à présent des carrières à découvert; au sujet de ces exploitations, la lettre de mes instructions contient une contradiction manifeste; en effet, pour ces carrières, les mêmes opérations que pour les autres y sont prescrites; ces opérations, comme on le voit, doivent être faites sur les plans existants, et ne constituent point à lever des plans nouveaux. Or, pour les exploitations à découvert, d'après la déclaration de M. Bonichon, l'inspection générale ne possède pas de plans. Il devenait donc impossible pour moi de me conformer, sur ce point, à la lettre des instructions qui m'ont été données, et, en conséquence, je n'ai réclamé aucun travail contradictoire au sujet des carrières à découvert, et n'en ai séparément fait aucun.

Dans le cas où, malgré l'absence des plans, le conseil municipal persisterait dans l'intention qu'il a exprimée de se convaincre, pour ces carrières comme pour les autres, des contraventions qui ont pu être commises, et des dangers qui en seraient la suite, ce serait un complément à faire au travail dont je présente aujourd'hui les résultats, et ce complément deviendra indispensable si l'on se décide à faire dresser le plan d'ensemble dont j'ai parlé plus haut.

Si mes obligations, quant aux opérations à faire ou à contrôler sur le terrain, n'ont pas été toujours clairement exprimées dans les instructions qui m'ont été remises, le conseil municipal a défini, d'une manière bien plus insuffisante encore, ce qu'il entendait, à ce qu'il paraît, exiger de moi en fait de rapports. Ainsi, en me nommant, ce conseil a bien dit que je lui ferais des rapports; mais lorsque j'ai demandé qu'on me formulât les questions que j'aurais à traiter, on m'a purement et simplement renvoyé aux instructions précédemment remises à M. Freix, et qui m'étaient continuées. On a ajouté que je devais me renfermer dans ce qui y était prescrit. Or, au sujet de rapports et de comptes à rendre, ma commission se borne à dire que, « dans le cas où le front de masse serait masqué dans quelque partie, soit par des terres, soit par des murs, ou autrement, je devrais réquérir les travaux nécessaires pour sa mise à découvert, et en rendre compte en cas de refus, obstacle ou empêchement quelconque. J'ai rendu un compte suffisant des circonstances qui rentraient dans ce cas, puisque, d'après ce compte, le conseil municipal a décidé quels étaient les travaux que je devais faire exécuter dans diverses parties pour y démasquer le front de masse, et puisque ces travaux sont même aujourd'hui terminés.

D'après ma commission, « Je devais aussi constater la hauteur des terres qui « chargent les ciels des exploitations souterraines, particulièrement dans la di- « rection des points mitoyens. » J'ai satisfait à cette obligation en indiquant sur le plan, par des cotes à l'encre rouge, l'épaisseur des terres aux divers points limitrophes. Le surplus des obligations qui m'étaient tracées consistant dans des indications à faire sur les plans, j'aurais pu, sans négliger aucune de ces obligations, me dispenser de rédiger le présent rapport; mais, indépendamment de ce que le langage des plans ne serait point suffisamment clair pour des hommes qui n'y sont pas faits, j'ai pensé que des observations qui ne découlent pas toutes de l'inspection des plans, pouraient être de quelque utilité au conseil municipal, et que, par suite, le rapport final qu'il attend de moi est vraiment nécessaire.

Quant aux questions que je dois y traiter, comme elles ne m'ont point été indiquées dans mes instructions, je prendrai pour guide le choix, qu'en s'adressant à moi, le conseil municipal a fait d'un ingénieur civil, et non d'un géomètre ; c'est donc en ingénieur que je traiterai cette matière.

Et d'abord, il est deux parties du règlement spécial du 22 mars 1813, au sujet de l'exploitation des carrières de pierre à plâtre, que je dois dès à présent examiner, quant à la manière dont elles me semblent devoir être appliquées ; j'éviterai ainsi d'embarrasser de cet examen le cours de mon rapport.

1° Au titre 4, relatif à l'exploitation par puits, il n'est absolument rien dit de la distance à laquelle cette espèce d'exploitation devra être tenue par rapport aux chemins à voitures, édifices et constructions quelconques. A la vérité, à la section 4 du titre 3, il est dit, art. 29 : « Les cavages de toute espèce ne « pourront être poussés qu'à la distance de dix mètres de chaque côté des che- « mins à voitures, de quelque classe qu'ils soient, des édifices et constructions « quelconques, plus un mètre par mètre d'épaisseur des terres. »

Dans les cavages de toute espèce les exploitations par puits doivent nécessairement être comprises, car ce sont ausi des cavages. De plus, la section 4 porte pour intitulé : *Règle commune à tous les cavages*, et ceci étant bien d'accord avec ce qui précède, on doit rigoureusement en conclure que la disposition ci-dessus relatée est applicable aux exploitations par puits. En effet, si le règlement, qui, au titre 4, où il traite des exploitations par puits, a gardé le silence au sujet des distances à conserver, eût voulu faire exception, en faveur de cette exploitation, à une règle *commune à tous les cavages*, ou *aux cavages de toute espèce*, il eût nécessairement stipulé cette exception d'une manière expresse ; et, dès lors qu'il ne l'a point fait, la règle commune est applicable aux cavages par puits comme aux autres.

Une bien faible objection peut seulement être tirée de ce que le titre 3, dont la section 4 et l'art. 29 dépendent, est intitulé *de l'exploitation par cavage à bouche*, et ne saurait par conséquent s'appliquer aux cavages par puits. Mais que devient cette objection, basée seulement sur la conséquence qu'on pourrait vouloir tirer d'une classification irrégulière, lorsque l'on considère que les dangers, qui résultent de la proximité des cavages par puits, sont absolument les mêmes que ceux qui peuvent résulter des cavages à bouches, dans la même masse, et avec une même épaisseur de terres de recouvrement ; que cependant le règlement a gardé le silence sur les distances à conserver en particulier pour les exploitations par puits ; et que la disposition de la section 4, art. 29, est doublement absolue en ce qu'elle veut une application à tous les cavages, d'une part, et, d'autre part, aux cavages de toute espèce, alors qu'il eût été si facile de répéter dans ces deux circonstances les mots cavage à bouche, si tel eût été l'esprit du règlement.

Malgré cette évidence, qui pour nous au moins est bien claire, comment l'administration des carrières entend-elle sur ce point appliquer le règlement? Si nous formons notre opinion d'après les faits consommés, et de plus sur quelques explications officieuses, nous voyons que cette administration s'arrête à un moyen terme, et qu'elle permet l'approche des exploitations à 10 m. des chemins, édifices et constructions quelconques, mais qu'en thèse générale elle ne la souffre pas au delà de cette limite. Nous ne comprenons pas, nous devons le dire, sur quoi peut être fondée cette transaction; et nous ne voyons pas dans ceci de milieu possible : ou l'art. 29 est applicable dans l'intégralité de sa disposition aux cavages par puits comme aux autres, ou, s'il ne l'est pas, comme il n'existe pas d'article qui prescrive spécialement les distances à observer pour les exploitations par puits, on doit alors laisser l'exploitant pousser ses travaux jusqu'à la limite de sa propriété, que cette limite soit formée par un chemin public, par des habitations ou constructions quelconques, peu importe!

Mais nous croyons avoir démontré que l'art. 29 s'appliquait nécessairement aux exploitations par puits; c'est donc en raison de cette application voulue, sinon observée, et par conséquent en tenant compte de un mètre par mètre de l'épaisseur des terres, plus 10 m., que nous apprécierons, pour les exploitations par puits comme pour les autres, les chiffres de cette espèce de contravention.

2° Toutefois nous avons sur ce même art. 29 une seconde observation à présenter : cet article fixe la distance à laquelle les cavages de toute espèce devront être tenus des chemins à voitures, de quelque classe qu'ils soient, des édifices et constructions quelconques. Nous poserons maintenant la question de savoir, si dans l'application de cet article, qui n'indique point d'exceptions, quant aux constructions à respecter, on n'en doit point admettre; et s'il ne doit point être permis à des exploitants d'approcher autant qu'ils en seront convenus, soit d'un mur qui, séparant leurs terrains, appartiendrait à tous deux, en commun, ou à l'un d'eux seulement, soit d'un mur qui ne leur appartiendrait pas, mais par rapport auquel le propriétaire aurait donné ou vendu le droit d'approche; et nous n'hésiterons pas à résoudre cette question affirmativement.

En effet, dans l'application des lois et des règlements, il ne faut pas toujours s'en tenir strictement à la lettre des prescriptions; dans certaines circonstances, il devient indispensable d'interroger l'esprit qui a présidé à la rédaction d'un article, et dans l'application, se guider d'après cet esprit. En imitant au contraire les Anglais, qui dans l'application de la lettre des règlements mettent une rigueur telle qu'on a vu leurs administrations ou leurs tribunaux décider qu'il n'y avait pas de droit à faire payer aux voitures à trois roues ou à un nombre quelconque de roues autre que deux ou quatre, parce que les règlements n'avaient compris dans la fixation du droit que les voitures à deux ou à quatre roues, les seules alors connues, on risquerait souvent de tomber dans l'absurde.

L'article qui nous occupe a évidemment eu pour but, en premier lieu, d'assurer la sûreté des personnes, et, en conséquence, les chemins et les habitations ne doivent être approchés qu'à la distance voulue par le règlement ; il ne saurait ici y avoir transaction ; et les maisons appartenant aux exploitants, fussent-elles habitées par eux-mêmes, ne peuvent, pas plus que les autres, être exceptées, car il est du devoir de l'autorité de protéger la vie des citoyens, même en dépit d'eux-mêmes.

En second lieu, en défendant d'approcher au-delà d'une certaine limite des murs de clôture, le règlement a évidemment eu en vue de protéger les propriétaires limitrophes contre toute diminution de valeur de leurs propriétés, par suite d'une proximité trop grande des carrières. Or, quand la propriété limitrophe close de murs appartient à l'exploitant lui-même, ou quand le propriétaire consent à ce que l'exploitant en approche, le but du règlement ne saurait plus être atteint, et l'application devient superflue, je dirai presque vexatoire. On ne saurait, en effet, rationnellement vouloir protéger la fortune des gens, contrairement à leurs intérêts, ni même contrairement à ce qu'ils croient dans leurs intérêts.

Dira-t-on que le propriétaire limitrophe, soit exploitant, soit autre, s'il trouve intérêt à laisser approcher de sa propriété, n'a qu'à démolir son mur ? sans doute, mais quand l'exploitation aura été suffisamment approchée, il le rebâtira sans qu'on ait à lui opposer un article du règlement qui puisse l'en empêcher ; le règlement n'aura été qu'éludé, et, pour arriver à cette nullité de résultats, on aura, en pure perte, imposé, soit à l'exploitant, soit au propriétaire limitrophe, une assez forte dépense et beaucoup de gêne. Il vaut beaucoup mieux, à notre avis, appliquer rationnellement l'art. 29, et ne pas prendre les intérêts des propriétaires limitrophes, exploitants ou autres, plus rigoureusement qu'eux-mêmes ne l'entendent.

En résultat, nous pensons que lorsqu'il convient à un propriétaire d'approcher une exploitation de son propre mur de clôture, ou de la laisser approcher, si elle n'est point sienne, on ne saurait s'opposer à cette approche, à moins qu'elle ne devienne contraire au règlement, par rapport à un autre mur dont le propriétaire ne serait point consentant. Dans nos observations au sujet des contraventions à l'art. 29, nous nous baserons donc sur cette relation qui nous paraît toute rationnelle.

Avant de terminer cet exposé, il me reste à dire, au sujet de mes instructions et de la manière dont j'ai pu ou je pourrai les suivre, que, jusqu'à présent, M. l'inspecteur général des carrières ne m'a fait remettre que les plans mêmes sur lesquels la vérification a été faite, et que, comme, d'après ma commission, ce sont des copies de ces plans, faites pour la commune, que je dois certifier, comme agent communal, je n'ai point pour le moment de certification à apposer conformément à mes instructions. J'ajouterai que des copies où on se bornerait à rapporter, indépendamment des dessus, le périmètre de la carrière, tel que nous l'avons tracé ou vérifié, seraient infiniment plus claires pour la commune de Montmartre que des plans où se trouvent tracés une série de périmètres successifs entre lesquels il reste à choisir.

CHAPITRE II.

CARRIÈRE MULLER (HAUTE MASSE).

RÉSUMÉ ET OBSERVATIONS.

En résumé, dans toutes les parties du cavage de haute masse, la position du front de masse présente une forte contravention à l'art. 29 du décret du 22 mars 1813, d'après lesquels « les cavages de toute espèce ne pourront être poussés « qu'à la distance de 10 m. des deux côtés des chemins à voitures, de quelque « classe qu'ils soient, des édifices et constructions quelconques, plus un mètre « par mètre d'épaisseur des terres ».

Par rapport au chemin vieux, la mesure de cette contravention varie pour le front de masse, à la hauteur à laquelle nous avons pu le relever, entre 11 m. 50 cent., minimum, et 32 m. 50 cent., maximum, et pour la position du pied des galeries, telle que nous avons dû la déduire de la partie visible, entre 14 m. 50 cent. et 36 m. 50 cent.; les parties du front de masse, qui longent ce chemin, en ayant été approchées à des distances qui, pour la zone relevée, varient entre 19 m., maximum, et 3 m., minimum; et pour le pied des galeries, entre 14 m., maximum, et 9 minimum. Nous négligerons ici les petites quantités dont le front de masse, dans le pied de la galerie, a probablement dû anticiper sous le vieux chemin, dans les parties rapprochées des points S et U, d'autant plus que cela n'ajouterait pas grand'chose à la contravention, déjà bien assez grande.

Par rapport aux bâtiments du sieur Muller habités par le sieur Richon, au cul-de-sac Traînée, au pavillon de Gabrielle, au mur de limite Muller, et au cul-de-sac attenant à la place du Tertre, la mesure de la contravention varie, dans le premier système de notre appréciation, entre 11 m. 50 cent., minimum, qui d'ailleurs s'applique au carrefour Traînée, et 30 m. 50 cent., minimum, s'appliquant au mur de terrasse du pavillon de Gabrielle; dans le second système,

2

la contravention varie entre 15 m. 50 cent., minimum, et 32 m. 50 cent., maximum. Ces minimum et maximum s'appliquent évidemment aux mêmes points dans les deux systèmes; et dans l'un et l'autre la mesure de la contravention, par rapport au cul-de-sac attenant la place du Tertre, est de 22 m.

Les parties du front de masse qui longent ces constructions et culs-de-sac en ont été approchées à des distances qui, pour la zone relevée par nous, varient entre 30 m. 50 cent., maximum, et 14 m., minimum; et pour le pied des galeries, entre 26 m. 50 cent., maximum, et 12 m., minimum. Ces maximum et minimum s'appliquent inversement aux mêmes points que les autres.

Je crois devoir m'arrêter un instant après cette première partie du résumé, pour faire remarquer que 1° la partie K, L, M, en souchet, et celle qui la précède sur 3 m. environ de longueur, n'étaient point indiquées sur le plan sur lequel nous avons opéré, et qu'il en est de même des suchets B et F. Cela n'a rien d'étonnant, puisque ce plan, dressé en 1813 par le sieur Loysel, n'a été complété que jusqu'en août 1835.

Que 2° tous les vides que nous avons levés, du point X jusqu'au point H, et qui s'approchent si hardiment des constructions et culs-de-sac, n'étaient point non plus figurés sur ce plan; mais qu'à la vérité ces derniers se trouvent figurés sur un plan levé par le géomètre Bideaux, complété par lui, d'abord en mars 1828, et ensuite en juin 1830, et que M. Bonichon m'a communiqué pendant le cours de notre opération.

On peut conclure de ce dernier plan que l'exploitation des parties les plus avancées, du point A' au point H', a été faite de 1828 à 1830, époque où on a interdit l'exploitation dans toute cette partie du cavage; que les parties de X en A' étaient exploitées en mars 1828; et quant à la partie K, L, M, et aux autres petites parties non figurées dont nous avons parlé d'abord, comme elles ne se trouvent point sur le plan de M. Bidaux, tout ce qu'on peut savoir, c'est que leur exploitation est postérieure au mois d'août 1825.

Je crois qu'il aurait été plus convenable de faire la vérification sur le plan de M. Bidaux, beaucoup plus complet que celui de 1813, complété seulement jusqu'en 1825; et je ne saurais bien dire ce qui a déterminé, soit MM. les inspecteurs des carrières, soit M. Bonichon, géomètre de l'inspection, à adopter une marche différente. Quoi qu'il en soit, le périmètre du front de masse, d'après le dernier complètement Bidaux, lequel sans doute a été fait avant que des remblais fussent opérés, m'a permis de reconnaître que la base sur laquelle je me suis appuyé pour la détermination du pied de la masse, alors que ce pied n'est plus visible, n'a rien d'exagéré.

Il me reste encore à faire remarquer que la grande chambre I' J' K' L' ne se trouvait figurée, ni sur l'un, ni sur l'autre des deux plans précités ; il est probable, d'après cela, qu'elle n'a été commencée qu'après juin 1830 ; elle n'a été interdite que trois ans plus tard. MM. les inspecteurs n'auraient-ils, pendant cette durée, exigé aucun plan de cette exploitation ? On serait fondé à le croire ; mais alors que serait devenue l'application de l'art. 15 du règlement général, d'après lequel « l'exploitant sera tenu de faire connaître, au commencement « de chaque année, par un plan de ses travaux dressé sur la même échelle que « le plan de surface mentionné dans l'art. 3, les augmentations de sa carrière « pendant les années précédentes. » Sans parler du plan sur lequel nous avons opéré, et qui remonte à des époques déjà un peu reculées, l'exécution de cet article du règlement général a été négligée également, quant au plan Bidaux, qui, levé à une date non indiquée sur ce plan, et complété une première fois en mars 1828, ne l'a été qu'une seconde fois en juin 1830, c'est-à-dire plus de deux ans après. Encore l'inspecteur des carrières, M. de Saint-Brice, n'en accuse-t-il la réception sur le plan même que le 18 juin 1831.

Nous ne nous arrêterons pas à conclure de ce qui précède qu'il ne reste plus rien à prendre par cavage dans la haute masse Muller ; la conclusion est évidente, et d'ailleurs la question est jugée, puisque les diverses parties de ce cavage ont été successivement interdites par des décisions de l'autorité compétente. Il est seulement bien fâcheux que pour chaque partie l'interdiction n'ait pas été prononcée d'une manière définitive, et exécutée quelques années plus tôt.

Avant de quitter cette matière, je dirai quelques mots d'un arrêté de M. le préfet de la Seine, à la date du 8 avril 1836, lequel s'applique précisément à la partie du cavage dont nous avons parlé en dernier lieu, et à l'exploitation de la portion de masse qui se trouve sur la droite du fond L' M'.

Après avoir maintenu l'interdiction, *provisoirement* prononcée par l'arrêté du 10 septembre 1833, contre cette partie du cavage, et ordonné de faire retirer sur-le-champ les ouvriers que le propriétaire y avait fait placer contrairement aux dispositions du dit arrêté, l'arrêté *nouveau* porte, art. 2 : « Il est expressé- « ment défendu au dit sieur Muller d'enlever les trois piliers ou éperons de « masse qui se trouvent aux deux côtés de l'entrée du cavage, et qui soutiennent « la charge des terres supérieures ; seulement il pourra, sur le côté droit de la « seconde bouche, enlever tout ce qui sera en dehors de la ligne d'aplomb par- « tant de la crête actuelle du coteau. »

La première de ces dispositions est fort sage : Le sieur Muller doit en effet laisser des garanties contre les dangers des grands vides qu'il a pratiqués en

contravention aux règlements; je dirai plus, ces vides fussent-ils complètement remblayés, le sieur Muller, bien que les piliers désignés soient en dehors de la zone dans laquelle les dispositions du règlement ne lui permettent point d'extraire, devrait encore être condamné à les laisser comme garantie de solidité; car les terres d'un remblai n'ont point la résistance de la masse de pierres à laquelle elles seront substituées, et ce ne serait encore là qu'une compensation insuffisante. Il devrait enfin y être condamné à titre de punition; car il est trop commode de faire chaque jour de larges infractions aux règlements, sans que rien ne vienne atténuer les énormes bénéfices qui en résultent.

Cependant je dois dire ici que l'un de ces trois piliers défendus est déjà en grande partie exploité depuis l'arrêté qui en a fait la défense, et que l'exploitation s'en continue en ce moment.

Quant à la seconde des dispositions ci-dessus relatées, elle me paraît tout-à-fait incomplète, en ce qu'elle n'est pas assez explicite, quant au mode d'extraction; et surtout en ce qu'elle ne repose sur aucune base fixe. Ainsi, c'est à découvert que, suivant toute apparence, on a voulu que la partie de masse sur la droite du point L'M' fût exploitée; mais on a omis de le dire, et cette explication n'eût peut-être pas été de trop avec un exploitant aussi hardi que M. Muller. A la vérité on a maintenu l'interdiction du cavage du sieur Muller, précédemment exploité par le sieur Leclerc. Mais, aurait pu dire le premier, ce n'est point l'exploitation de ce cavage que je continue, c'est un nouveau cavage que j'ouvre avec autorisation, à l'entrée de celui-ci, sur sa droite.

En second lieu, *la ligne d'aplomb, partant de la crête actuelle du coteau,* n'est nullement une limite fixe; car cette crête du coteau est variable de sa nature, dans l'exploitation à découvert, et déjà, depuis l'arrêté, le sieur Muller, en poursuivant ses déblais, a fait sensiblement reculer cette crête; et aujourd'hui il lui serait tout-à-fait impossible de se diriger d'après cette limite, quand bien même il en aurait l'intention. D'ailleurs, cette base, fût-elle immuable, ne résulterait pas, ce me semble, de l'application du règlement, et c'est à cette application rigoureusement faite, qu'il faudrait cependant enfin arriver. D'après ce règlement, c'est de la distance des constructions limitrophes, c'est de l'épaisseur des terres que doit résulter la mesure de la masse que le sieur Muller peut encore exploiter. Or, je néglige de faire entrer en considération le mur-limite entre le sieur Muller et les sieurs Houillier et Candon, comme formant séparation entre propriétaires qui chacun font exploiter leur terrain, et qui sont probablement d'accord quant au mur; mais il n'en est pas de même du mur de limite Muller, du côté du nord; là, dans l'encoignure, il y a une épaisseur de terre de 35 m. 90 cent. cotée sur le plan , et, par conséquent, l'exploitation de la masse doit être tenue, d'après le règlement, à 45 m. 90 cent. de ce point. Il n'en est pas de même non plus du mur de séparation Borelle avec Houillier et Candon ; ce mur vient joindre le mur de limite Muller au point Q' ; l'épaisseur des terres au pied du mur Borelle est de 36 m. 58 cent. ; l'exploitation à découvert du sieur Muller ne doit donc pas être poussée plus près que 46 m. 58 cent. du point Q', ni dépasser par conséquent l'arc de cercle O' P', ni la portion de ligne O' L', qui elle-même doit servir de limite à l'exploitation, par rapport au mur de limite Muller, côté du nord.

Reprenons maintenant la suite de notre résumé.

Du point A, entrée du cavage, côté du vieux chemin, jusqu'à 5 mètres au-delà du point A', j'ai signalé partout l'existence de remblais laissant pourtant une succession de vides dont la hauteur varie entre 2 m. 70 cent. et 7 m., à l'exception toutefois de la partie qui règne de O' en T', et se trouve complètement remplie par la formation d'un ou plusieurs fontis. De la crête du dernier remblai, un peu au-delà du point A', jusqu'au point H', il n'y a à déduire de tout le vide des deux chambres qui longent le front de masse que le talus du dernier remblai , les terres du fontis qui forment talus des deux côtés du bec D' et les terres du fontis GG' formant talus dans la direction du front de masse. Dans la dernière chambre I' J' K' L' et jusqu'à l'entrée du cavage, j'ai signalé un remblai récemment commencé par le sieur Muller , et laissant encore beaucoup à faire.

Les ciels sont en général en assez bon état, à l'exception pourtant de trois cloches dont les hauteurs au-dessus du ciel varient entre 4 et 12 à 15 m., d'un nez cassé et de plusieurs défauts partiels de bien moins d'importance. Les deux premières de ces cloches , celles attenantes aux points H I N d'une part, et au point X de l'autre part, se sont, suivant toute apparence, ouvertes depuis que les remblais existent ; la première est inquiétante par sa proximité du vieux chemin ; mais elle pourra subsister encore assez long-temps sans s'ouvrir en fontis ; quant à la seconde, elle ne pourra pas tarder long-temps à se percer. En laissant même de côté l'induction qu'on peut tirer de leur formation , on ne saurait se refuser à admettre que des remblais imparfaits, comme ceux qui ont été pratiqués, ne peuvent empêcher la formation de cloches nouvelles, et par suite de fontis. Des cloches et fontis se formeraient également, et à plus forte raison, dans les grands vides qui subsistent vers la droite du cavage, et où, non loin du point O', il en existe déjà une dont on doit redouter les progrès, à cause de sa proximité du pavillon de Gabrielle.

Enfin, le danger s'accroît de ce que les ciels ont été tenus d'environ moitié en sus plus larges que ne le veut le règlement; de ce que les galeries, dans leur pied, dépassent également de plusieurs mètres la largeur, la largeur maximum prescrite; de ce que des piliers sont trop faibles, et que, comme conséquence de tout cela, les pleins sont loin d'être avec les vides dans le rapport indiqué par le règlement.

Pour porter remède au danger que cet état des choses présente, il faut nécessairement que tous les vides subsistants soient exactement remblayés jusqu'au ciel des galeries, et que, de plus, les remblais soient opérés par couches de 15 à 20 cent. damées ou pilonnées, jusqu'à la hauteur où la proximité du ciel ne permettra plus ce damage ou pilonnage; qu'au dessus de cette hauteur la terre du remblai soit bourrée le plus exactement possible.

Le sieur Muller demandera, sans doute, une exception en faveur de la portion de galerie qui s'étend du point A, entrée du cavage, au point H, et lui sert de magasin; il proposera même peut-être de construire, dans cette partie, une série d'arceaux en maçonnerie pour y soutenir le ciel; mais cette consolidation ne saurait être efficace. En effet, le sol du remblai ne présentant point une résistance suffisante pour porter ces arceaux, il céderait nécessairement sous leur poids, et, à plus forte raison, sous celui qu'ils finiraient par porter; d'un autre côté, les arceaux ne peuvent reposer sur des consoles en pierre engagées dans la masse, la galerie n'offrant sur la droite que des piliers entrecoupés par des galeries transversales, disposition qui ne permet pas de construire d'après ce dernier mode des arceaux convenablement rapprochés. Dans l'intérêt de la sécurité, il ne doit donc pas être fait exception en faveur de la portion de galerie dont il est question.

Il faut, en outre des travaux que je viens d'indiquer, que les deux cloches les plus voisines du vieux chemin soient, l'une et l'autre, exactement remblayées au moyen de tranchées que le sieur Muller ferait ouvrir dans la partie la plus voisine du coteau, et en prenant pour la cloche attenant les points H I N toutes les précautions nécessaires, comme celle, par exemple, de ne faire procéder à ce comblement qu'après avoir opéré le remblai au-dessous jusqu'à la hauteur du ciel.

Pour que ces travaux soient exécutés d'une manière convenable, et que le sieur Muller ne puisse pas éluder les conditions de consolidation qui seront reconnues nécessaires, l'exploitant devra être tenu de se conformer aux prescriptions qu'il recevra de MM. les inspecteurs des carrières, au sujet, soit de l'ouverture des tranchées pour arriver aux cloches, soit des réouvertures qu'il deviendrait nécessaire de pratiquer dans le cavage, afin d'être à même d'opérer les remblais.

Un agent de l'inspection générale des carrières devra d'ailleurs être chargé de surveiller journellement de la manière la plus exacte l'exécution des divers travaux ordonnés.

La fixation d'un délai, dans lequel le sieur Muller devra avoir terminé tous les travaux de consolidation auxquels il sera astreint, est aussi, sans contredit, une mesure indispensable; et ce délai me paraît devoir être court, car on ne saurait trop se presser de faire disparaître les dangers qui résultent de l'état actuel du cavage, et de porter remède aux craintes qu'ils occasionent; la commodité du sieur Muller, ou l'excédant de dépense que pourrait lui coûter des travaux rapides, ne doit au contraire pas être pris ici en considération. Je serais donc d'avis de ne pas étendre ce délai au delà de six mois, à partir de la notification de l'arrêté qui interviendra.

Sans doute, ces conditions paraîtront dures au sieur Muller; les exploitants ou les propriétaires de cavages étant accoutumés à ne faire de remblais que ceux qui leur sont productifs, c'est-à-dire jusqu'à la hauteur où le remblai peut s'opérer, au moyen des décharges de Paris qui paient pour être admises; mais les travaux que j'indique me paraissent indispensables, d'une part, pour rétablir la solidité à laquelle le sieur Muller a porté de graves atteintes; d'autre part, pour donner à la commune et aux propriétaires limitrophes toutes les garanties de sûreté désirables, et détruire les justes appréhensions que les anticipations commises sur les distances à conserver, soit par le sieur Muller, soit par les exploitants pour lesquels il est solidairement responsable, ont causées, et qui ont déjà porté aux propriétés de la butte un préjudice trop réel. Il serait d'ailleurs, en vérité, par trop commode pour un exploitant qui, en contravention aux règlements, aurait exploité peut-être pour 100,000 fr. de plâtre, de ne se voir puni, en définitive, que par l'exécution de remblais productifs, ou par une amende de 50 à 150 fr.

Avant de terminer ces observations, je prendrai la liberté de m'étonner de ce qu'on n'ait point exigé depuis long-temps l'exécution des travaux ci-dessus mentionnés. D'après les art. 21 et 22 du règlement général, « nul exploitant ne « pourra, sous peine d'amende et de responsabilité, abandonner définitivement « les travaux, ni enfermer les galeries de cavage, sans en avoir au préalable de- « mandé et obtenu la permission. L'inspecteur général des carrières constatera « ou fera constater par un procès-verbal, 1° l'état des travaux avant l'abandon; « 2° si l'exploitation a été bien faite; 3° si quelques parties ne périclitent pas,

« cas auquel il ordonnerait les travaux nécessaires, aux frais de l'exploitant;
« 4° enfin, si la fermeture de la carrière ne présente aucun danger. »

Ces dispositions s'appliquaient évidemment à la carrière Muller. On ne saurait, en effet, opposer que les galeries de cavage n'ont point été fermées par
l'exploitant, mais se sont fermées d'elles-mêmes par la formation des fontis. Si
tous les travaux nécessaires avaient été appréciés, on devait les prescrire et en
exiger l'exécution. Dans le cas contraire, il était établi d'une manière suffisante
que le sieur Muller, ou les exploitants substitués à ses droits, avaient exploité
contrairement aux règlements, et que des parties du cavage rendues inaccessibles devaient péricliter. La réouverture du cavage devait donc faire partie des
travaux nécessaires, et être ordonnée et exécutée, au préalable, aux frais de
l'exploitant, soit pour mettre les inspecteurs à même d'apprécier les travaux
nécessaires, soit comme moyen de procéder ultérieurement à ces travaux. Il serait fort commode pour les exploitants que la question pût être résolue d'une
manière différente; car alors, après une exploitation faite contrairement aux
règlements, et qui, de toutes parts, aurait mis en danger les chemins et les
propriétés avoisinantes, il leur suffirait de provoquer des fontis aux deux extrémités du cavage; et, une fois les fontis formés dans cette position, analogue
du reste à celle qu'occupent les fontis par lesquels le cavage Muller est fermé,
on n'aurait plus à demander d'apporter aucun remède à tout le mal qu'ils auraient fait. Mais cette solution, si favorable pour les exploitants, ne saurait évidemment être admise.

L'examen de cette question me conduit nécessairement à une autre. Aujour-
d'hui, il est démontré que la réouverture du cavage était une chose indispensable pour mettre à même de reconnaître les vides qui y existent, l'état des ciels,
les dangers qui peuvent en résulter, et en déduire les travaux à prescrire. Cette
réouverture devait être faite aux frais du sieur Muller, je crois l'avoir suffisamment établi; il serait donc juste que cet exploitant supportât les dépenses que la
commune a faites pour arriver à la reconnaissance de l'état du cavage; mais,
cette obligation peut-elle, dans l'espèce, lui être maintenant imposée? C'est là
une question contentieuse que je me bornerai à soulever, en laissant, soit la
discussion, soit la solution à qui il appartient.

Toutefois, si la commune doit renoncer à ce moyen d'alléger les sacrifices
qu'elle s'est imposés pour l'affaire des carrières, il existe, du moins, pour elle,
une autre voie qui ne me semble pas devoir lui être fermée. D'après l'art. 32
du règlement général, « le produit net des amendes sera employé, dans l'étendue
« du département, aux travaux extraordinaires que nécessiteront les exploita-

« tions, soit pour les recherches, soit... etc. » Ici, ce sont précisément des travaux de recherches dont il s'agit; la commune, à défaut de recours contre le sieur Muller, pourrait obtenir du département d'être remboursée sur le produit des amendes, à moins que la prescription des amendes n'ait été vaine, comme à peu près toutes les autres prescriptions que contient le règlement. Si toutefois le produit des amendes se trouvait avoir été presque nul, ce ne serait point faute de nombreuses et importantes contraventions.

CONCLUSIONS ET PROPOSITIONS.

On peut conclure de tout ce qui précède que, dans l'exploitation du cavage de haute masse Muller, les principaux articles, soit du règlement général sur les carrières, soit du règlement applicable à l'exploitation des cavages de pierre à plâtre, n'ont point été exécutés; que, par suite, des vides plus ou moins grands subsistent dans toute l'étendue du cavage dont il s'agit, à l'exception de la partie comprise entre les points O et T, là où, conformément au règlement, la masse aurait dû être conservée; que toutefois le sieur Muller, après s'être livré partout à de graves contraventions quant aux distances à conserver, peut cependant être considéré comme n'ayant nulle part avancé sensiblement son exploitation sous un terrain à lui non appartenant.

J'ai indiqué, dans les observations qui précèdent, les conditions qu'il serait nécessaire d'imposer au sieur Muller, pour remédier, autant que possible, aux dangers que présente l'état actuel de son cavage, et à la défaveur qui en est résultée pour les propriétés du sommet de la butte. J'ai également établi la base d'après laquelle devait être déterminée, conformément aux règlements, la portion de masse que cet exploitant peut encore prendre à découvert, sans se jeter dans des contraventions nouvelles.

En conséquence de ces observations, j'ai l'honneur de présenter les propositions suivantes :

1° Le sieur Muller sera tenu de remblayer exactement, jusqu'au ciel des galeries, toutes les parties de son cavage de haute masse qui longent le front de masse, à l'exception de la partie comprise entre les points O et T, laquelle se trouve complètement remplie par la formation d'un fontis. Ces remblais seront opérés par couches de 15 à 20 cent. d'épaisseur, damées ou pilonnées, jusqu'à la hauteur où la proximité du ciel ne permettra plus ce damage ou pilonnage. Au-dessus de cette hauteur, les terres du remblais seront bourrées le mieux possible.

3

2° Les deux cloches les plus voisines du vieux chemin seront également remblayées, d'une manière complète, par le sieur Muller. A cet effet, il fera ouvrir des tranchées dans la partie la plus voisine du coteau, et prendra pour la cloche attenant les points H I N, toutes les précautions nécessaires, comme celle, par exemple, de ne faire procéder à ce comblement qu'après avoir opéré le remblai au-dessous jusqu'à la hauteur du ciel.

Pour l'ouverture de ces tranchées, comme aussi pour les réouvertures qu'il deviendrait nécessaire de pratiquer dans le cavage, afin d'être à même d'opérer les remblais d'une manière convenable, l'exploitant sera tenu de se conformer exactement aux prescriptions qu'il recevra, à ce sujet, de la part de MM. les inspecteurs des carrières.

Un agent de l'inspection des carrières sera d'ailleurs chargé de surveiller exactement l'exécution de ces divers travaux.

3° Les trois piliers ou éperons de masse, que l'arrêté du 8 avril 1836 défend au sieur Muller d'exploiter, seront conservés, même après le remblai des vides au devant desquels ces piliers se trouvent, et celui de ces piliers que, malgré la défense expresse de l'arrêté ci-dessus, le sieur Muller a déjà exploité en grande partie, et dont il continue l'exploitation, ne présentant plus la résistance qui avait été jugée nécessaire, il y sera suppléé par la construction d'un mur en maçonnerie, élevé dans l'emplacement du pilier, et accolé à la partie restante de ce pilier, au cas où l'exploitant s'arrêterait dans sa contravention. Les dimensions du mur qu'il devra faire construire seront fixées d'après le rapport de MM. les inspecteurs des carrières, en raison de la masse du pilier qu'il aura exploitée.

4° L'arrêté du 8 avril 1836 sera rapporté, en ce qui concerne la portion de masse qui reste à extraire sur le côté droit de la bouche du cavage, ou du front de masse L' M'. Cette portion, déterminée en raison de l'épaisseur des terres au point Q', où le mur Borelle se joint au mur de séparation Muller avec Houllier et Candon, ne devra pas s'approcher de ce point à moins de 46 m. 58 cent., et, en conséquence, sera limitée par l'arc de cercle O' P', et par la petite ligne L' O', limite elle-même par rapport au mur de séparation Muller au nord.

Il sera explicitement exprimé dans le nouvel arrêté que cette portion ne pourra être prise qu'à découvert.

5° Les travaux de consolidation, ci-dessus spécifiés, seront commencés par le sieur Muller, dans la quinzaine qui suivra la notification de l'arrêté à intervenir, ils ne pourront être discontinués, et devront être terminés dans le délai de six mois à partir de la notification. Au cas où cet exploitant n'exécuterait pas strictement la présente disposition , les dits travaux seront exécutés d'office à ses frais.

6° Le sieur Muller, en raison des deux contraventions récemment par lui commises, savoir, la première, signalée dans l'arrêté du 8 avril 1836, et qui consiste à avoir placé, contrairement aux dispositions de l'arrêté du 10 septembre 1833, des ouvriers dans la partie de son cavage précédemment exploitée par le sieur Leclair , et interdite par le dit arrêté ; la seconde consistant dans l'exploitation du deuxième pilier, ou éperon de masse à gauche, à gauche de la bouche du cavage, malgré la défense expresse de l'arrêté du 8 avril 1336, sera condamné, pour chacune de ces contraventions, au maximum de l'amende, et, conformément à l'art. 30 du règlement général , au double de ce maximum, si ces contraventions constituent pour lui le cas de récidive.

Pour copie conforme des chapitres 1er et 2e du rapport rédigé et présenté par le soussigné , ingénieur civil , ancien élève de l'école polytechnique, commis par le conseil municipal de Montmartre, à l'effet d'assister, dans l'intérêt de la commune , à la vérification générale des plans des carrières y existantes.

HIPPOLYTE HAGEAU ,

Paris, le 19 mars 1837.   Rue Coquenard, 8.

CHAPITRE III.

CARRIÈRE MULLER (BASSE MASSE).

RÉSUMÉ ET OBSERVATIONS.

En résumé, dans toute la partie du cavage de basse masse bordant le vieux chemin et longeant ensuite la série des constructions qui s'étendent de ce chemin jusqu'au delà de l'angle extrême de la place de l'Abbaye, le front de masse ne cesse pas d'être en contravention à l'art. 29 du règlement (section 4 du titre 3), dont la teneur a déjà été plusieurs fois relatée par moi dans le cours de ce rapport, et qui, ainsi que je l'ai établi, s'applique aussi bien aux exploitations par puits qu'aux cavages à bouches.

La partie qui, du point S'" jusqu'au delà du point Y, s'approche d'abord brusquement du cavage de haute masse, puis, s'engage ensuite au dessous, à d'assez grandes distances, présente à son tour, et par rapport à ce cavage, une contravention non interrompue, non plus à un article du règlement où on a omis d'en parler, mais aux dispositions qui, de l'inspection générale des carrières, sont émanées pour suppléer à ce silence du règlement.

La mesure de la contravention, faible pour quelques becs avancés vers le vide de la carrière, devient au contraire très-forte pour tous les points qui approchent le plus près, soit du chemin vieux, soit de chacune des constructions.

Ainsi, par rapport au chemin vieux, cette mesure est de 10 m. 50 cent., au point V'; de 14 m., au point X', et ne varie guère que de quelques mètres dans l'intervalle; la contravention qui, pour cette partie, s'annulerait, d'après le système de MM. les inspecteurs des carrières, dans lequel l'approche serait licite jusqu'à 10 m., devient, au contraire, très-grave, lorsqu'on considère que cette partie du périmètre de la carrière, se trouvant sous le cavage de haute masse , et très-près de son front de masse , vient augmenter notablement les dangers qui résultent de la forte contravention que ce cavage supérieur présente déjà par rapport au vieux chemin.

La mesure de la contravention est de 14 m. au point A, et serait encore de 3 m. dans le système de MM. les ingénieurs des carrières; elle est de 8 m. 5o cent. au point A'.

Par rapport aux dix bâtiments que nous avons désignés comme les plus approchés par le cavage, lesquels bâtiments, tous habités, à l'exception de celui qui sert de magasin au sieur Gillet, le moindre chiffre de la contravention ne s'abaisse pas au dessous de 21 m. , et serait encore d'un mètre et plus, dans le système de 10 m. seulement de distance à conserver; ces *minima* s'appliquent au bâtiment Muller, attenant à celui occupé aujourd'hui par la Mairie.

Le plus fort chiffre de cette contravention, au contraire , s'élève à 38 m. , et serait encore de 19 m., dans le système de 10 m. seulement de distance à conserver; *maxima* qui s'appliquent à la grande maison Muller, dite le Petit-Bicêtre, laquelle, excavée à l'une de ses extrémités, sur près d'un tiers de son emplacement, excavée encore à son autre extrémité sous l'un de ses angles, est d'ailleurs cernée, pour ainsi dire, dans toutes ses autres parties, à des distances de 3 m. à 4 m. 5o cent. seulement.

Si , à côté de ces indications des chiffres extrêmes de la contravention , nous rappelons la petite maison Paillard, excavée à l'une de ses extrémités, sur près d'un tiers de son emplacement, et longée encore à moins de 7 m. sur l'une de ses faces; la grande maison Paillard, cernée aux angles d'un de ses pignons, à des distances de 3 m. 5o cent. , et de 5 m. seulement; la maison Leclaire , cernée également, et sur deux de ses faces , à des distances qui , à la vérité, dépassent un peu celles relatives à la grande maison Paillard; la petite maison Muller , à côté du Petit-Bicêtre , excavée sous l'un de ses angles; un autre petit bâtiment Muller, attenant l'angle extrême de la place de l'Abbaye , excavé sous son escalier et sous l'un de ses angles; enfin , la grande maison Haullier et Candon, approchée à la distance de 4 m. , contraventions dont le chiffre de 25 m. s'élève , pour quelque cas , à 29, 30 et même 34 m.; et pour la seule maison Leclaire ne dépasse pas 24 m. ; et qui, dans le système de 10 m. seulement de distance à conserver, iraient encore de 6 m. à 10 m., 11 m. et même 14 m. ; et , pour le dernier cas seulement , ne dépasseraient point 4 m.

Si , d'ailleurs, avec ces nombreuses et importantes contraventions , et la proximité qui en est la conséquence, on combine les contraventions que le cavage présente encore, quant à son état, quant aux formes et aux dimensions suivant lesquelles on a exploité, c'est-à-dire des ciels une fois et même, dans beaucoup de cas, jusqu'à deux fois plus larges que ne le veut le règlement, ou donnant lieu à des mesures de contraventions intermédiaires; des piliers ou un front de masse n'ayant pas la moitié du nez ou de la saillie voulue, souvent entièrement dépourvus de cette saillie, et quelquefois même formant, dans leur partie supérieure, retraite sur l'aplomb de leur pied; le nez de ces piliers, commençant d'ordinaire aux deux tiers de leur hauteur, au lieu de commencer à la moitié, comme l'exige le règlement; dans quelques parties, ces nez affectant la forme de chapeaux ou de tablettes, au lieu de celle d'encorbellement qui est prescrite; des espacements de piliers au front de masse, mais plus particulièrement des piliers entre eux, pour la partie qui longe les constructions ci-dessus désignées, atteignant dans leur pied souvent 6 m., quelquefois même 7 m. au lieu de 5, largeur fixée par le règlement; par suite de toutes ces contraventions, un ciel plus ou moins mauvais depuis le point F' jusqu'au point P, au-delà de l'extrémité des constructions; dans le même intervalle, des ciels tombés et formant cloches, dont l'un presque attenant le pignon sud-est du Petit-Bicêtre; enfin, sous ce même pignon, le premier banc du ciel, celui des cailloux, déjà tombé; dans les autres parties les plus péclitantes du même intervalle, ce banc retenu seulement par des moyens insuffisants; enfin, des éboulements de terres dont on doit prévoir la propagation du côté des maisons les plus voisines; par ces rapprochements, on jugera que, pour la plupart des maisons ci-dessus prises en considération, il y a danger sérieux, et que l'on ne saurait trop se hâter d'y porter remède.

Après cette première partie du résumé, je dois m'empresser de proclamer qu'eu égard à un reculement des dessus proportionnel à celui qui s'est manifesté d'une manière générale pour le périmètre relevé contradictoirement par nous, ce périmètre ne présente, avec celui du plan sur lequel nous avons opéré, que des différences de détails, qui, tantôt en plus, tantôt en moins, se balancent, et sont dénuées de toute importance.

Je dois également écarter, dès à présent, une objection qui, déjà, m'a été faite, qu'on ne manquerait probablement pas de reproduire, et d'où il résulterait que toutes les plaintes de la commune de Montmartre doivent tomber devant cette observation : que les contraventions commises l'ont toutes été anciennement; et que l'excavation sous la petite maison Paillard, par exemple, existait avant 1813, puisqu'elle se trouve à la suite du plan de haute masse, levé à cette époque par M. Loysel, tandis que la construction de ce bâtiment est bien plus récente.

A cette partie la plus positive de l'objection, j'objecterai, à mon tour, que, pour juger de l'exactitude du fait avancé, ayant mis le plan de haute masse de 1813 en coïncidence avec celui de basse masse sur lequel la vérification a eu lieu, et le mur du chemin vieux étant pris pour base de cette coïncidence, je me suis aperçu que, si l'on divise l'excavation a A' B B' en deux parties, l'une a A' b c d, l'autre d c b B B' e, division que j'ai tracée sur le plan au moyen d'une ligne ponctuée en bleu, c'est précisément la première de ces deux parties qui, à des changements de forme près, se trouve figurée sur le plan de 1813, tandis que la seconde, qui s'engage sous la petite maison Paillard, a dû nécessairement être excavée plus tard.

Du reste, la différence de forme que j'ai accusée ne saurait altérer en rien la conséquence forcée que je viens de tirer ; cette différence vient certainement de ce que, à la reprise de cet atelier, lorsqu'on l'a élargi dans le but évident de tourner deux piliers au lieu d'en tourner un seul, comme on s'était proposé de le faire d'abord, en passant à cet effet sous le pignon de la grande maison Paillard, ou du moins bien près de ce pignon, on a pratiqué, vers l'extrémité, l'élargissement des deux côtés, de manière à aller rejoindre sur la droite, et en se dirigeant vers le mur du vieux chemin, l'atelier A qu'on menait probablement de front à la même époque.

Ces changements dans la forme, réunis à celui qu'a subi dans sa direction l'atelier A, indiqué sur le plan de 1813 comme atelier commencé, loin d'affaiblir la déduction que je viens de tirer, la corroborent au contraire d'une manière puissante, et établissent que, non-seulement ces ateliers ne se continuaient point en 1813, à l'époque de la levée du plan ; mais que de plus ils n'ont pas dû être repris plus tard par le même exploitant, ou au moins par le même chef d'atelier ; nouvelle déduction, que la désignation d'ancien atelier, donnée sur le plan de 1813 à la partie d'excavation qui s'approchait jusqu'auprès de l'emplacement de la petite maison Paillard, vient confirmer d'une manière victorieuse.

Or, M. Paillard établira sans difficulté la date à laquelle sa petite maison a été construite ; et il ne serait peut être pas aussi facile à M. Muller de prouver qu'il a pratiqué, avant cet époque, l'excavation dont il s'agit. Et cette preuve, l'administra-t-il, la contravention n'en aurait pas moins été commise, en premier lieu par rapport à la grande maison Paillard, en second lieu par rapport au terrain sur lequel la petite maison a été construite, et dont l'excavation par le sieur Muller ou ses ayant-cause, dans le cas même où ce terrain n'eût pas été clos, dès lors qu'il ne lui appartenait pas, dépasse les limites d'une simple contravention et devient une spoliation véritable.

Mais, du plan de 1813, il résulte qu'avant la construction de la petite maison, le jardin Paillard était clos par deux murs, l'un perpendiculaire au mur limite du chemin vieux, et l'autre parallèle à ce mur limite ; que ces murs de clôture venaient opérer leur rencontre au point C, où se trouve aujourd'hui l'un des angles du pignon de la petite maison ; et que dans l'angle formé par lesdits murs, était même une petite construction de lieux d'aisance ; l'excavation existante en 1813 n'occupe que la moitié de cet angle ; l'autre moitié a été excavée depuis, tandis que, par rapport aux constructions, non-seulement l'excavation au dessous n'aurait pas dû être soufferte par l'administration des carrières, mais de plus aucune autre extraction, en dehors des limites voulues par le règlement, n'aurait dû être tolérée.

Tout ce qu'il m'a été possible d'établir, quant à la date de l'excavation sous la petite maison Paillard, c'est qu'elle n'existait pas en 1813, qu'on n'y travaillait pas à cette époque, et que même elle n'a dû être opérée que par un autre exploitant, ou un autre chef d'atelier, les dispositions premières de l'exploitation ayant été totalement changées dans cette partie et dans l'atelier voisin A. Cette excavation existait au contraire en mars 1825, puisque sur le plan elle est entourée d'un liseret rose, teinte qui s'applique au premier complètement opéré, à cette époque, par le géomètre Bidaux.

Si je n'ai pu, pour cette première contravention, renfermer la date à laquelle elle a dû être commise, que dans des limites assez éloignées, et qui pourtant ne comportent point une extraction très-ancienne, comme on le prétendait pour d'autres contraventions non moins importantes, il me sera possible de resserrer la date du délit dans des limites beaucoup plus étroites, et d'établir que ces contraventions ne remontent qu'à un petit nombre d'années.

Ainsi, toute la partie du front de masse qui, s'étendant depuis le point D jusqu'au delà du point H et du chiffre 8, approche successivement beaucoup trop près de la maison Leclaire, de celle Muller attenant à la Mairie et du magasin Gillet, passe sous un angle de la petite maison Muller au point G', et enfin occupe un peu moins du tiers de l'emplacement de la grande maison Muller, dite le *Petit-Bicêtre* ; toute cette partie du front de masse, dis-je, étant entourée d'un liseret aurore, lequel s'applique au complètement fait par l'architecte Poitevin, en février 1834, il en résulte que les graves contraventions qui existent dans cette partie ont été commises dans l'intervalle du complètement précédent, fait par le même, en février 1832 et au mois de février 1834.

La partie du périmètre qui, du chiffre 8 au point J', après avoir longé de très-près le même bâtiment, dit le *Petit-Bicêtre*, entre ensuite sous un de ses angles, au point H', étant entouré d'un liseret vert, appartient au complètement fait en février 1832 par Poitevin; par suite de quoi la contravention qui en résulte a dû être commise dans l'intervalle de janvier et mai 1830, dates du complètement précédent fait par Lambert, au mois de février 1832.

Quant aux contraventions par rapport au chemin vieux, il en est de la date de l'exploitation faite au point A, comme de celle qui s'applique à l'excavation sous la petite maison Paillard.

Pour la partie du front de masse, au contraire, qui, un peu après le point Y, s'étend vers les points X' V' jusqu'un peu au delà du point U', et, constituant une large anticipation sous le cavage de haute masse, augmente les dangers que la proximité de ce cavage fait courir au chemin vieux, comme cette partie est entourée d'un liseret bleu qui s'applique au complètement opéré en mars 1828 par le géomètre Cornu, il en résulte que les contraventions qu'elle constitue ont été commises dans l'intervalle de mars 1825, époque du complètement précédent opéré par le sieur Bitaux, au mois de mars 1828.

Je ne pousserai pas plus loin ces recherches des dates auxquelles les contraventions ont été commises; seulement, je ferai remarquer que, tandis que la première levée du plan relaté date de 1813, le premier complètement de ce plan n'est que de mars 1825, c'est-à-dire douze ans plus tard; que le second complètement date de mars 1828, trois ans après le premier, et qu'à partir de cette époque les complètements se suivent de deux en deux ans; qu'ainsi l'art. 15, *section 2 du titre* 1er du règlement général sur l'exploitation des carrières, d'après lequel « l'exploitant sera tenu de faire connaître au commencement de « chaque année les augmentations de sa carrière pendant l'année précédente. » n'a pas été exécuté.

Je reviens à la suite de mon résumé. Du point P, où je me suis arrêté, jusqu'au point S, où le front de masse se trouve approcher de trop près le cavage de haute masse, on ne trouve plus de contraventions quant aux distances à conserver; car, ainsi que je l'ai établi dans l'exposé de mon rapport, l'approche à 3 m. du mur de séparation Muller avec Hauiller et Candon doit être considérée comme licite, ces propriétaires limitrophes exploitant respectivement sous leur terrain, et s'étant probablement entendus pour approcher le plus près possible de leur mur de séparation; mais, dans la même partie, une série de fontis ou éboulements de terres dont le voisinage, uni d'ailleurs à une trop grande largeur du ciel, doit faciliter la formation d'éboulements nouveaux, ou plutôt la propagation des premiers, ainsi que cela a eu lieu dans l'intervalle du complètement de 1828 à notre vérification. Dans le reste de cette partie, un ciel en

4

bon état, et une masse de bonne qualité, circonstance favorable dont on a abusé pour commettre, quant aux dimensions des galeries et des ateliers, quant aux dimensions des ciels, à la forme des piliers et du front de masses, des contraventions plus fortes encore que dans les parties précédentes.

A partir du point S''', peu après lequel le périmètre de la carrière s'engage sous le cavage de haute masse, jusqu'au point Y où il en ressort définitivement, et même jusqu'au point Y', il ne cesse pas d'être en contravention quant aux distances à conserver ; mais cette fois c'est par rapport au cavage de haute masse, la mesure de cette contravention dépasse 16 m. dans la majeure partie du parcours, elle s'élève même à 23 m. pour le point T', et aux points V' X' qui se rapprochent le plus du vieux chemin ; elle s'élève, pour le premier à 26 m., et à 21 m. pour le second.

Ainsi que je l'ai annoncé en commençant ces observations, ce n'est point d'après le règlement que j'ai pu calculer ces mesures de la contravention par rapport au cavage de haute masse, mais bien d'après une disposition récemment prise par M. le préfet de la Seine, sur l'avis de M. l'inspecteur-général des carrières, pour suppléer au silence du règlement, et par suite de laquelle le sieur Magnan, dans l'exploitation de la basse masse Muller, pour laquelle autorisation lui a été accordée, est tenu de ne pas approcher cette exploitation à moins de 10 m. du cavage de haute masse.

On ne saurait que louer cette disposition ; dans le silence du règlement au sujet de la distance à conserver par rapport au cavage de haute masse, on a bien pu ne pas exiger la même distance que le règlement prescrit pour les chemins de constructions limitrophes ; il s'agit en effet ici d'un cavage appartenant au sieur Muller, d'un cavage d'ailleurs interdit, et la distance de 10 m. est suffisante pour que les contraventions qui y ont été commises ne se trouvent point aggravées, dans le cas d'un éboulement du cavage de basse masse.

Il me reste à dire, pour achever mon résumé, que du point S''' au point U, il en est de l'état du ciel et des contraventions commises quant aux formes, aux proportions et aux grandeurs suivant lesquelles on a exploité, comme pour la partie précédente ; qu'il en est également de même de la partie U Y, à cela près que l'état du ciel y est mauvais, et que l'humidité qui y existe vient encore ajouter aux dangers que présente cette partie du cavage ; qu'enfin, je n'ai rencontré des remblais qu'aux alentours de la lunette ; et que ces remblais, élevés à 2 m. 50 cent. environ, ne s'étendent qu'à peu de distance.

Il me reste à ajouter encore que *la tourelle ou cahutte en maçonnerie, d'environ 2 m. 50 cent. de hauteur, avec porte en chêne fermant à clé*, qui, aux termes du règlement, devrait recouvrir le puits des échelles, n'existe pas ; que non-seulement les échelles ne sont point *à deux montants,* mais que des échelons en fer n'ont point été substitués aux ranches ou échelons en bois ; et que même, lors de notre vérification, plusieurs de ces ranches manquaient ou n'existaient que d'un seul côté du rancher, tandis que d'autres y étaient mal assujettis ; qu'ainsi les art. 50, 51 et 53 du règlement spécial ne sont point exécutés, et que de cette non-exécution peuvent résulter de graves accidents.

Qu'enfin, pour se conformer, soit au règlement, soit à la disposition administrative qui a fixé à 10 m. la distance à conserver par rapport au cavage de haute masse, il ne reste d'exploitation possible que pour la partie de masse comprise entre le chiffre 10, qui précède la lettre R', et le point S".

Pour remédier aux graves dangers qui résultent de nombreuses contraventions commises par le sieur Muller ou ses ayant-cause le long du chemin vieux et de la série des constructions qui bordent la place de l'Abbaye, le remplissage des vides est indispensable dans une grande partie de cette longueur ; mais pour atteindre le but proposé, ce remplissage demande à être effectué avec de grandes précautions, et ne devra pas être opéré partout de la même manière. Ainsi, sous les maisons excavées, c'est-à-dire la petite maison Paillard et les trois maisons Muller ci-dessus désignées, il est nécessaire que le vide soit exactement rempli jusqu'à 2 m. en avant des lignes extérieures de ces constructions, par un massif en maçonnerie à chaux hydraulique et sable de rivière, eu égard à l'humidité qui règne dans les basses masses ; il faudrait en outre qu'à partir de la ligne extérieure de ces massifs artificiels, et sur 13 m. en avant de cette ligne, le vide fût exactement rempli au moyen de remblais pilonnés par couches de 15 cent. d'épaisseur, bourrés dans la partie supérieure des galeries ou ateliers, et retenus par un mur à pierres sèches, de 1 m. 70 cent. d'épaisseur moyenne, élevé avec fruit de 1/5e ; l'épaisseur de ce mur serait prise dans la largeur de 13 m., laquelle formerait avec celle de 2 m., dont le massif de maçonnerie sortirait en dehors de la ligne des constructions excavées, une largeur totale de 15 m. en avant de cette ligne.

Pour les constructions non excavées, telles que le mur du vieux chemin, la grande maison Paillard, la maison Leclaire, la maison Muller, attenant le bâtiment actuellement occupé par la Mairie, le magasin Gillet, le grand bâtiment Haullier et Candon, et la maison Muller, attenant l'angle extrême de la place de l'Abbaye, le plein, sur la largeur de 15 m. en dehors des lignes de ces constructions, serait complété au moyen des remblais et du mur à pierres sèches, opéré et construit comme il vient d'être dit ci-dessus.

Cette largeur de 15 m. est faible, sans doute, en comparaison de celle suivant laquelle, conformément au règlement, la masse n'aurait pas dû être exploitée, mais elle devra suffire pour conserver autour de ces exploitations, lors de l'écrasement ultérieur du centre de la carrière, un plateau de 10 m. de largeur sur l'étendue duquel le terrain ne pourra être sensiblement déprimé à la surface, et satisfaire ainsi, sinon à la lettre du règlement, au moins au but qu'on s'est proposé en le rédigeant.

Quant à la saillie de 2 m., que je suis d'avis de donner aux massifs de maçonnerie, sur la ligne extérieure des constructions excavées, elle a pour but de préserver complètement ces constructions de l'effet des affaissements qui pourront avoir lieu, à la surface, par suite du tassement des remblais sous le poids des ciels qui viendraient à s'écrouler.

Je sais bien qu'on m'objectera, au sujet de la construction de ces massifs, que des piliers en maçonnerie, peu espacés, pourraient suffire, et qu'on n'emploie pas d'autres moyens de consolidation dans les anciennes carrières sous Paris, où cependant il s'agit souvent d'assurer la solidité des voies publiques ou d'édifices importants; mais je répondrai à cela que l'administration des carrières est chargée d'opérer elle-même les consolidations au fur et à mesure qu'elles deviennent nécessaires; que d'ailleurs ces galeries ayant été ouvertes sur des dimensions beaucoup plus petites, les chances d'accidents sont bien moindres, et que cependant encore, quelques précautions qu'on ait prises, ces accidents se sont pourtant quelquefois présentés. Dans le cas de la carrière Muller, au contraire, qui pourrait garantir que les consolidations que l'avenir rendra nécessaires seraient effectuées en temps utile, et qu'un nouveau relâchement survenant dans la surveillance des carrières, ou de longs procès intervenant, des accidents ne seraient point la suite de l'inexécution prévue des travaux qui deviendraient nécessaires? D'ailleurs, dans les cas de la construction de piliers au lieu de massifs en maçonnerie, et de murs bourrés à l'arrière par des remblais, il deviendrait indispensable de ne pas permettre l'écrasement de la carrière dans les parties voisines de celles qu'on voudrait conserver en les consolidant, puisqu'il faudrait pouvoir arriver toujours à celles-ci; des piliers seraient donc à construire également dans toute la zone non écrasée : enfin le règlement, qui a fixé à 1 m. 67 cent. la largeur maximum des ciels, a prévu, qu'avec cette largeur, des éboulements de ciels se présenteraient encore nécessairement à la longue; il faudrait donc nécessairement rapprocher davantage les piliers, les mettre, par exemple, à 1 m. les uns des autres; et cette obligation, réunie à celle dont je viens déjà d'exposer la nécessité, deviendrait plus lourde que celle que je propose d'imposer au sieur Muller, en même temps qu'elle laisserait subsister le grave inconvénient de ne pas interdire complètement à un exploitant hardi, de retourner à l'exploitation dans ces parties, et d'y aggraver les nombreuses et importantes contraventions qui déjà y ont été commises. La disposition que je rejette ne présenterait donc, à aucun titre, les garanties que l'on doit s'attacher à obtenir, et je maintiens celle que j'ai proposée comme pouvant seule assurer la sécurité dans l'avenir.

Libre au sieur Muller de ne pas appliquer ces moyens de consolidation aux trois maisons qui lui appartiennent, savoir : la grande maison dite le Petit-Bicêtre, le petit bâtiment qui la précède, en la touchant pour ainsi dire, et le petit bâtiment attenant la grande maison Haullier et Candon; mais à la condition alors de démolir ces bâtiments que, eu égard au mauvais état du ciel au-dessous, il serait, en tous cas, d'une sage précaution, de la part de l'autorité, de faire évacuer, par les locataires, jusqu'à ce que les travaux de consolidation soient exécutés, ainsi qu'il est dit plus haut.

Quant à la petite maison Paillard, aucune considération ne saurait autoriser à ne pas exiger ces travaux; en effet, j'ai établi que l'excavation sous cette maison n'était pas aussi ancienne qu'on le pensait, et que, quand bien même elle eût eu lieu avant la construction du bâtiment, on aurait dû, par rapport aux deux murs de clôture qui se rencontraient alors dans l'angle actuel de son pignon, tenir l'exploitation aux distances voulues par le règlement; mais quand encore cette considération n'existerait pas, a-t-on signifié au sieur Paillard qu'il bâtissait sur un vide? l'a-t-on mis en demeure de n'y pas bâtir, ce qui eût été un des devoirs de l'autorité? car, si, dans l'intérêt de la sécurité des personnes, elle doit empêcher que les exploitations ne soient approchées trop près des habitations, elle doit, dans le même but et avec tout autant de soins, s'opposer à ce que des maisons ne soient élevées sur le vide.

Enfin, dans le silence qu'on a gardé à cet égard, le sieur Paillard devait-il supposer qu'on avait excavé sous son terrain, et qu'on avait ainsi poussé l'audace jusqu'à la spoliation?

Ces diverses questions doivent, suivant toute apparence, être résolues négativement, et le sieur Paillard ne saurait être passible d'inconvénients qu'il ne pouvait prévoir; c'est évidemment à celui qui, contre tout droit, a fait le mal, et a été cause des inconvénients actuels et des dangers qui peuvent en résulter, c'est au sieur Muller, dis-je, à y remédier le plus complètement possible, et quoi que, à cet effet, il doive lui en coûter.

Je dois dire ici que, eu égard au bon état du ciel sous la petite maison Pail-

lard, et dans les parties avoisinantes, ces dangers ne sont point imminents, et
ne sauraient par conséquent motiver l'évacuation de cette maison par les locataires ou le habitants, en attendant que les travaux de consolidation aient été
exécutés.

En ce qui touche les parties de la carrière qui, du point S'' au point Y', s'engagent sous le cavage de haute masse ou en approchent de trop près, je suis d'a-
vis que ces parties doivent être remblayées, ainsi qu'il a été dit plus haut pour
les maisons approchées de trop près, sans pourtant avoir été excavées, et que
seulement, pour ce dernier cas, les remblais ne doivent être poussés, y compris l'épaisseur du mur de soutennement à construire suivant les mêmes dimensions que dans l'autre, qu'à 10 mètres en dehors de la limite sud du cavage de
haute masse. Le sieur Muller ne saurait pas plus échapper à cette dernière obligation qu'aux autres; car, bien que la distance à conserver pour les cavages su-
périeurs ne soit point fixée par le règlement, comme le sieur Muller ne devait,
en tous cas, pas transgresser les ordres qu'il recevait de MM. les ingénieurs des
carrières; comme cependant, malgré les défenses plusieurs fois réitérées par
ces messieurs, et à diverses époques, lui, ou plus particulièrement son ayant-
cause, le sieur Magnan, sont, à plusieurs reprises, revenus à la charge pour y
exploiter, sous le cavage de haute masse, ainsi que je l'ai exposé à M. le maire
de Montmartre dans mon rapport spécial du 28 avril 1836, relatif aux dernières
contraventions commises dans cette partie; comme d'ailleurs ils ont ainsi
aggravé les contraventions que présentait déjà le cavage de haute masse,
par rapport au mur limite du chemin vieux, le sieur Muller s'est mis, par
lui ou par ses ayant-cause, complètement en dehors de son droit, et doit être
condamné à remédier aux inconvénients qui résultent de ces contraventions.

Je viens d'indiquer une série assez longue de travaux de consolidation dont
l'exécution me paraît indispensable : ces travaux sont importants; ils auraient
encore pour effet indépendant de la consolidation, d'empêcher à l'avenir aucune
contravention nouvelle dans les parties du cavage déjà beaucoup trop avancées;
je me permettrai maintenant de demander si ces travaux, urgents pour une bonne
partie, n'auraient pas dû être depuis long-temps prescrits par l'administration
des carrières, ou si au moins ils ne devaient pas être imposés comme condition
préalable à l'autorisation qui a été accordée au sieur Magnan; c'était un moyen
d'en obtenir plus facilement l'exécution; et d'ailleurs, de cette manière, on aurait encore atteint l'avantage de se mettre complètement à l'abri de nouvelles
contraventions de la part de cet exploitant; la persévérance du sieur Magnan en
matière de contraventions est grande; mon rapport précité la caractérisé suffi-

samment, et déjà, dans les carrières précédemment exploitées par lui, elle s'était signalée.

Dans ces circonstances, l'autorisation par lui demandée devait-elle lui être accordée? je ne le pense pas. Je sais bien qu'on pourra me répondre qu'elle ne l'a été que jusqu'à concurrence de la première contravention à intervenir de sa part; mais il eût, je pense, été plus prudent, peut-être plus juste, et, si j'ose le dire, plus conséquent, de ne pas accorder une autorisation après trois contraventions récentes, que de la retirer sur la première qui interviendra.

CONCLUSIONS ET PROPOSITIONS.

On peut conclure de tout ce qui précède que, dans l'exploitation du cavage de basse masse Muller, les principaux articles, soit du règlement général sur les carrières, soit du règlement applicable à l'exploitation des cavages de pierre à plâtre, n'ont point été exécutés; que, par suite, tout le long du chemin vieux et des constructions qui s'étendent de ce chemin jusqu'à l'extrémité de la place de l'Abbaye, des vides existent là où, conformément au règlement, la masse eût dû être conservée; que plusieurs maisons habitées se trouvent même excavées sur une assez forte partie; que, malgré tous les ordres contraires intimés à ce sujet, tant au sieur Muller qu'à ses ayant-cause, l'anticipation existe également sous la carrière de haute masse, sur un assez grand parcours; que, toutefois, le sieur Muller, après s'être livré à de graves et de nombreuses contraventions quant aux distances à conserver, n'a commis que par rapport au sieur Paillard le délit plus grave encore d'avancer son exploitation sous la propriété d'autrui.

J'ai indiqué dans les observations qui précèdent les conditions qu'il serait nécessaire d'imposer au sieur Muller pour remédier autant que possible aux dangers que présente l'état actuel de son cavage de basse masse; j'ai également établi que l'exécution des travaux à faire, aurait dû être imposée comme condition préalable à la continuation de toute exploitation. Enfin, j'ai fixé les limites dans lesquelles devait se trouver circonscrite la portion de masse qui reste à prendre.

En conséquence de ces observations, j'ai l'honneur de présenter les propositions suivantes :

1° Le sieur Michel Muller sera tenu de remplir exactement par un massif en maçonnerie à chaux hydraulique et sable de rivière le vide existant sous la petite maison Paillard, la grande maison Muller, appelée le *Petit-Bicêtre*, le petit bâtiment qui la précède et y est presque attenant, et le petit bâtiment Muller, attenant à la grande maison Haullier et Candon. Ce massif en maçonnerie devra s'étendre jusqu'à 2 mètres en dehors de la ligne extérieure des constructions ci-dessus désignées.

2° A partir des lignes extérieures des massifs ainsi construits, et sur 11 m. 30 cent. en avant de ces lignes, le vide sera exactement rempli au moyen de remblais pilonnés par couches de 15 cent. d'épaisseur, bourrés dans la partie supérieure des galeries ou ateliers, et retenus par un mur à pierres sèches de 1 m. 70 cent. d'épaisseur moyenne, élevé avec fruit de 1/5° et construit d'ailleurs d'après les règles de l'art, pour opposer une résistance convenable, comportant notamment, dans le sens horizontal et dans celui de la hauteur, des chaînes en gros matériaux espacées de 2 m. à 2 m. 50 cent.

Cette épaisseur de 1 m. 70 cent. réunie à la largeur de 11 m. 30 cent., pour le remblai, et aux 2 m. de saillie du massif, donnera une largeur totale de 15 m. de remplissage en dehors de la ligne extérieure des constructions excavées.

3° En ce qui concerne les trois maisons appartenantes au sieur Muller et ci-dessus désignées, ce propriétaire pourra, s'il le préfère, en les démolissant, s'exempter des travaux de consolidation y afférents; mais en tout cas, eu égard au mauvais état du ciel au dessous, et des dangers qui en résultent, ces maisons devront, dans les huits jours qui suivront la signification de l'arrêté à intervenir, être vidées par les locataires; elles ne pourront être occupées de nouveau qu'après l'entier achèvement des travaux prescrits pour leur consolidation.

4° Pour toutes les constructions approchées de trop près par le cavage, sans pourtant être excavées, savoir : le mur limite du vieux chemin, la grande maison Paillard, la maison Leclaire, la maison Muller attenant celle occupé par la Mairie, le magasin Gillet, la grande maison Haullier et Candon et le petit bâtiment Muller attenant l'angle extrême de la place de l'Abbaye, le plein sur la largeur de 15 m. en dehors des lignes extérieures de ces constructions sera complété au moyen de remblais et d'un mur de soutènement à pierres sèches, opéré et construit ainsi qu'il a été spécifié ci-dessus.

5° En ce qui touche les parties de la carrière qui, du point S''' au point Y', s'engagent sous le cavage de haute masse, ou en approchent de trop près, les vides devront être remplis ainsi qu'il a été précisé plus haut pour les constructions approchées de trop près sans pourtant avoir été excavées; seulement, dans ce dernier cas, les remblais, opérés toujours de la même manière, ne seront poussés, y compris l'épaisseur du mur de soutènement construit toujours suivant les mêmes conditions, qu'à 10 m. en dehors de la limite sud du cavage de haute masse.

6° Le sieur Muller ou ses ayant-cause ne pourront plus porter leur exploitation du cavage de basse masse que dans la partie comprise entre le chiffre 10, qui précède la lettre R', et le point S", ils ne devront point approcher à moins de 10 m. de la limite sud du cavage de haute masse.

7° Pour l'exécution des travaux de consolidation ci-dessus spécifiés, le sieur Muller sera tenu de se conformer exactement aux prescriptions qu'il recevra à ce sujet de MM. les inspecteurs des carrières.

Un agent de l'inspection des carrières sera d'ailleurs chargé de surveiller exactement l'exécution de ces divers travaux.

8° Les dits travaux de consolidation seront commencés par le sieur Muller dans la quinzaine qui suivra la notification de l'arrêté à intervenir; ils ne pourront être discontinués, et devront être terminés dans le délai de six mois à partir de la notification.

En cas de retard à se mettre à l'œuvre, ou de défaut d'activité dans l'exécution, l'autorisation d'extraire dans cette carrière, accordée pour un an au sieur Magnan, lui sera retirée, et ne sera point renouvelée jusqu'au parfait achèvement des travaux de consolidation, qui, d'ailleurs, dans le cas prévu, seront exécutés d'office aux frais du sieur Muller.

9° Le sieur Magnan, en raison des trois contraventions successives commises par lui, dans le mois d'avril dernier, en exploitant sous le cavage de haute masse, malgré les défenses expresses à lui faites et répétées, sera condamné, pour la première de ces contraventions, au maximum de l'amende; et pour les deux autres, conformément à l'art. 30 du règlement général, au double de ce maximum, attendu que ces dernières contraventions constituent pour lui le cas de récidive.

———

Pour copie conforme du chapitre 3ᵉ du rapport rédigé et présenté par le soussigné, ingénieur civil, ancien élève de l'école polytechnique, commis par le conseil municipal de Montmartre, à l'effet d'assister, dans l'intérêt de la commune, à la vérification générale des plans des carrières y existantes.

Hippolyte HAGEAU,
Rue Coquenard, 8.

Paris, le 19 mars 1837.

CHAPITRE IV.

CARRIÈRE GILLET (HAUTE MASSE),

Ouverte dans un terrain appartenant aux sieurs Haullier et Candon.

RÉSUMÉ ET OBSERVATIONS.

En résumé, dans toute l'étendue du cavage de haute masse Gillet, comprise depuis quelques mètres en avant du point G, jusqu'au point O, la position du front de masse, considérée, tantôt par rapport au mur de séparation Borelle, tantôt par rapport à ce mur et à la maison Borelle, tantôt enfin par rapport à ce mur, à la maison et à la cour du pressoir; la position du front de masse, dis-je, ne cesse pas d'être en contravention à l'art. 29 du règlement spécial, article dont la teneur a été déjà plusieurs fois citée par moi au commencement de ce rapport, et que, pour ce motif, je m'abstiendrai de relater dorénavant.

La contravention existe par rapport à tous les points du mur de séparation Borelle; sa mesure, quant à ce mur, à la maison Borelle et à la cour du pressoir, varie pour la hauteur à laquelle il nous a été possible de relever le front de masse, entre 12 m. 60 cent. minimum, et 33 m. 25 cent. maximum; et pour la position du pied de la galerie, telle que j'ai dû la déduire des parties visibles, entre 12 m. 60 cent. minimum, et 38 m. 25 cent. maximum; le minimum s'appliquant à l'angle formé par les murs Borelle et Lambin, et les maxima s'appliquant à la cour du pressoir, l'étendue du front de masse qui longe ces cour et constructions en ayant d'ailleurs été approchée à des distances qui, pour la zone relevée par nous, varient entre 32 m., maximum, lequel s'applique à l'angle ci-dessus désigné, et 14 m. 20 cent., minimum présenté par le point J; et, pour le pied de la galerie, entre le même maximum, et 10 m. 50 cent., minimum qui s'applique à la fois à la cour du pressoir et à la partie du mur Borelle qui la borde.

Il est d'ailleurs à remarquer que la mesure de la contravention s'accroît très-rapidement à partir de son minimum; et que, pour toute la partie du front de masse qui s'étend du point J jusqu'à peu de distance du point N, elle s'écarte très-peu du maximum, à l'exception toutefois du bec K, pour l'extrémité duquel elle est encore de 25 m., à la hauteur à laquelle nous avons opéré, et de 29 m. dans le pied de la galerie; les distances correspondantes à ces mesures de la contravention étant 21 m. 40 cent. et 17 m. 40 cent.; et que, pour la maison Borelle, les mesures de la contravention s'élèvent jusqu'à 28 m. 45 cent., et 33 m. 45 cent. dans le pied de la galerie; le front de masse au point M, ayant approché de cette maison à la distance de 20 m. 30 cent., à la hauteur à laquelle nous avons opéré, et à 15 m. dans le pied de la galerie. Je ne présente pas les mesures de la contravention par rapport au mur de séparation avec le sieur Muller, et au mur de séparation avec le sieur Lambin, parce que ces propriétaires limitrophes de la carrière dont il s'agit, exploitant ou faisant exploiter, chacun de leur côté, leur masse, il est à supposer qu'ils se seront arrangés avec les sieurs Haullier et Candon pour approcher respectivement le plus près possible de leur mur de séparation, et que dès lors, il me paraît, conformément à ce que j'ai établi dans mon exposé, qu'il n'y a pas lieu de s'occuper de contraventions qui s'annulent, du moment où elles sont consenties de part et d'autre par les parties intéressées; dans le cas cependant où ce consentement n'existerait pas, il y aurait, par rapport à l'un et à l'autre mur, de très-fortes contraventions, qui s'aggraveraient surtout singulièrement, par rapport au second, de ce que le sieur Gillet a dépassé la limite du terrain dont il est locataire, pour aller exploiter sur le terrain appartenant au sieur Lambin.

Je m'arrêterai un instant, après cette première partie du résumé, pour faire remarquer que 1° la grande étendue de galerie que j'ai décrite du point A au point G n'existait point sur le plan sur lequel nous avons opéré;

Que, 2° du point G au point K, dans cette partie qui longe le mur Borelle et constitue une bien forte contravention par rapport à ce mur, le résultat de notre vérification signale, en même temps que l'abaissement d'une partie que le plan n'indiquait qu'en souchet, un assez notable élargissement de la galerie, lequel, du point I, et plus particulièrement du point S au point K, doit s'augmenter encore sensiblement pour le pied de la galerie;

3° Que, des deux côtés du point M, et jusque non loin du point N, vers le nord, dans cette dernière partie où la contravention acquérait plus d'importance encore, en raison des points approchés, un pareil élargissement doit nécessairement être présenté par le pied de la galerie.

Cependant, le dernier complètement indiqué sur le plan est mis, par son auteur, le sieur Touilleau, géomètre, sous la date des 26 et 27 janvier 1836. Notre vérification pour toutes les parties qui ne se trouvaient pas remplies par les éboulis, a eu lieu la même année, au commencement de mars, c'est-à-dire moins de six semaines après, intervalle pendant lequel, à défaut d'issues praticables, on n'a, suivant toute apparence, pas travaillé dans le cavage de haute masse. Le complètement annoncé par le géomètre Touilleau n'a donc, en réalité, pas été effectué, ou ne l'a du moins été que pour la partie du plan qui s'applique au cavage de basse masse.

Le complètement précédent, opéré par le géomètre Bidaux, porte la date de mars 1830; c'est dans cet intervalle de près de six années, pendant lesquelles le sieur Gillet n'a fourni, à ce qu'il paraît, aucun des complètements annuels des plans exigés par l'art. 15 du règlement général, qu'auront nécessairement été faites les augmentations résultantes de notre vérification, et qui sont venues aggraver les contraventions précédentes.

En remontant dans l'ordre des complètements successifs, on voit qu'ils laissent d'abord un intervalle de deux années, puis, d'un peu moins d'une année, pour arriver au 5 mai 1827, date de la levée du plan par le géomètre Bidaux.

En résultat, l'art. 15 du règlement général, dont j'ai déjà relaté la teneur au sujet de la carrière de haute masse Muller, est bien loin d'avoir été exécuté; et l'on doit à la vérification contradictoirement opérée par M. Bonichon et par moi, sur la demande des habitants de Montmartre, de connaître la véritable position des constructions limitrophes, par rapport au cavage de haute masse Gillet.

Je ne m'arrêterai point à conclure de ce qui précède qu'il ne reste plus rien à prendre par cavage dans cette haute masse; la conclusion est évidente, et il est fâcheux que l'exploitation n'ait pas été arrêtée beaucoup plus tôt.

Quant à l'exploitation à découvert, elle ne saurait dépasser la ligne brisée qui s'étend du point O' au point F', et que j'ai ponctuée en bleu sur le plan, sans avoir lieu à son tour, et par rapport au mur Borelle, en contravention aux prescriptions de distance fixées par le règlement; par les raisons que j'ai déjà exposées ci-dessus, je ne parle point ici des distances à conserver par rapport au mur de séparation avec les sieurs Muller, et pour ce qui concerne le mur Lambin; j'aurai plus loin l'occasion d'établir la nécessité de ne laisser dorénavant opérer aucune extraction le long de ce mur.

Je reprends la suite de mon résumé :

Du point A au point K, j'ai signalé l'existence, sur la gauche de la galerie, d'une série de fontis dont la formation a seule opéré quelques remblais qui se bornent au cube correspondant aux talons de ces fontis, et laissent subsister, surtout du point D au point K, un vide considérable.

Au delà du point K jusqu'au point N, il n'en est plus de même; là, toute la galerie se trouve remplie, à l'exception d'une tranche de vide, profonde mais peu large, que j'ai signalée à partir du point M, et qui ne saurait, eu égard à la faiblesse de son cube, présenter une importance réelle.

Dans toute la partie où les grands vides subsistent, les ciels sont, en général, en bon état; mais ils se trouvent nécessairement affaiblis, attenant les déchirures effectuées au sommet des fontis, et donnent à craindre la propagation prochaine de ces fontis. C'est surtout près le point K et le sommet du fontis g h, dans cette partie importante à cause de sa grande proximité du mur et de la maison Borelle, et de la cour du pressoir, que le danger signalé se montre plus imminent.

On ne peut d'ailleurs se dissimuler que, dans un temps plus ou moins éloigné, des fontis peuvent et doivent même se former dans les diverses parties du ciel, de même que se sont formés les fontis existants.

Enfin, le danger s'accroît de ce que les ciels ont été tenus au moins de moitié en sus plus larges que ne le veut le règlement; de ce qu'ils ne sont soutenus que d'une manière illusoire; de ce que la galerie, dans son pied, dépasse généralement de beaucoup la largeur maximum prescrite par le règlement; de ce que, comme conséquence de tout cela, les pleins sont loin d'être avec les vides dans le rapport voulu.

Cette exagération notable des dimensions données aux vides a existé dans toutes les parties du cavage, et, ainsi que je l'ai exprimé plus haut, ne m'a permis de retrouver nulle part, sur le plan, les dimensions restreintes qui, conformément au règlement, auraient dû être données aux rues de service et à l'espacement des piliers autres que ceux attenant les grandes chambres ou ateliers du milieu; aussi, avait-on choisi les vides énormes de cette carrière pour y enfler le ballon monstre, construit à grands frais il y a quelques années, et qui, malgré ses dimensions gigantesques, put, l'opération terminée, en être extrait dans tout son développement.

Pour porter remède au danger que l'état des choses présente, il faut nécessairement que tous les vides subsistant du point A au point K de la galerie soient exactement remblayés jusqu'au ciel, et que, de plus, les remblais soient opérés ainsi que je l'ai exprimé à l'article de la carrière de haute masse Muller.

A la vérité, si l'on ne prenait absolument en considération que les constructions qui bordent le cavage au nord-est, la ligne RF', ponctuée en bleu sur le plan, étant la limite au delà de laquelle, par rapport à ces constructions, la masse aurait dû être conservée, les remblais pourraient, à partir du point K, ne pas dépasser cette ligne de limite, pourvu toutefois qu'ils fussent retenus au moyen d'un mur de soutènement à pierres sèches qui, du pilier à la masse, traversant la galerie, en aurait toute la hauteur, et dont l'épaisseur moyenne, proportionnée à cette élévation, atteindrait 5 m. 60 cent.; ce mur devrait alors être élevé avec fruit de un cinquième; et la partie supérieure de son parement, du côté opposé aux remblais, correspondrait à la ligne de limite RF'. Il serait d'ailleurs construit suivant les règles de l'art, ainsi que je l'ai exprimé dans mes propositions au sujet de la carrière de basse masse Muller. Dans l'hypothèse ci-dessus, ces dernières conditions, bien que les remblais n'aient point l'incompressibilité de la masse qu'ils remplaceraient, et ne présentent par conséquent pas la même résistance, pourraient pourtant suffire à assurer la sûreté des constructions dont il s'agit; et alors il serait juste de laisser au sieur Gillet le choix entre les deux moyens.

Mais si, conformément aux raisons que j'ai données, on ne doit pas s'occuper de garantir le mur de séparation et le terrain du sieur Lambin, considérés seulement en ce qui concerne les intérêts de ce propriétaire, des accidents qui peuvent les menacer, il est, au sujet de ce terrain, une autre considération qui acquiert une grande importance en ce qu'elle touche à la sûreté du public, et qui, par conséquent, ne saurait être négligée. Le terrain du sieur Lambin est livré, toute l'année, à la libre circulation du public, qui, dans la belle saison, en fait un lieu de promenade; et c'est même dans la partie supérieure de ce terrain que se tient le champ de foire. Or, il est certain que si les vides présentés par la galerie, qui s'étend du point A au point K, continuaient à subsister entre la ligne RF' et la partie AB du front de masse, des fontis pourraient d'un moment à l'autre se former au-dessus de ces vides, et compromettre gravement la sûreté des promeneurs; il deviendrait donc nécessaire, pour écarter de ce côté toute possibilité d'accidents, ou que le terrain du sieur Lambin fût, par la construction d'une enceinte infranchissable, interdit à toute fréquentation dans la zone dessinée par les distances, par rapport au vide, dans lesquelles il peut, conformément aux prévisions du règlement, y avoir danger; il faudrait que cette interdiction absolue subsistât tout autant que les vides, ou que l'écrasement du cavage fût pratiqué dans la partie comprise entre la ligne RF' et la portion AB du front de masse; mais, indépendamment de ce que l'écrasement en question, qu'il soit pratiqué naturellement ou artificiellement, pourrait, en raison de la grande élévation du mur de soutènement, porter atteinte à la solidité de ce mur, et, par suite, à la sûreté des constructions Borelle et de la cour du pressoir, cet écrasement occasionerait nécessairement, dans la partie ci-dessus indiquée du terrain Lambin, un bouleversement qui deviendrait la source de nouveaux dangers pour les personnes.

Par les motifs qui précèdent, je suis d'avis que le second moyen doit être rejeté, et que le remplissage exact de la galerie doit être effectué dans toute son étendue depuis le point K jusqu'à la partie AB du front de masse, et que, de plus, le sieur Lambin soit tenu d'interdire son terrain à toute fréquentation dans la zone dessinée d'après les conditions que j'ai exprimées ci-dessus. Cette interdiction serait temporaire, et durerait jusqu'à l'entier remplissage des vides ci-dessus désignés de la carrière Gillet; son effet serait atteint au moyen de la construction, aux frais du sieur Lambin, d'une clôture, soit en maçonnerie, soit en planches juxtaposées, retenues et fixées de manière à opposer un obstacle solide. Cette clôture aurait 2 m. 50 cent. de hauteur au moins; et, pour satisfaire aux conditions de distances par rapport aux vides, elle commencerait, dans la partie inférieure du terrain, au point J du mur de séparation, s'écarterait d'abord de ce mur de manière à en être distante, vis-à-vis le point B, de 24 m. 50 cent., longerait ensuite de manière à ne pas s'en approcher, au droit du point D, à moins de 22 m. 20 cent.; au droit du point E, à moins de 32 m.; au droit du point F, à moins de 35 m. 20 cent.; au droit du point G, à moins de 35 m. 60 cent.; au droit de l'angle avec le mur de séparation Borelle, à moins de 20 m.; enfin, elle irait se terminer dans la partie supérieure, en rejoignant à 20 m. au dessus de cet angle le mur de séparation qu'elle aurait longé.

Au cas où, contrairement à mes suppositions, le sieur Lambin n'aurait point autorisé, par rapport à sa propriété, les anticipations commises de ce côté par le sieur Gillet, il lui resterait la faculté d'exercer son recours contre cet exploitant, ou à son défaut contre les sieurs Haüllier et Candon, pour leur faire supporter les dépens de la clôture dont je regarde l'élévation comme indispensable.

Pour toutes les parties comprises entre le point R et le point O, en suivant la ligne brisée O P Q R qui représente la limite au-delà de laquelle la masse n'aurait pas dû être extraite dans ces parties, il est nécessaire que, suivant cette ligne, les remblais s'élèvent, là où il ne subsiste pas de piliers, à la hauteur de la masse; que leurs talus au-dessous de cette hauteur ne dépassent pas la pente de 1 m. de hauteur pour 1 m. de base, et qu'au-dessous de cette hauteur les talus soient établis, à partir de la même ligne, et dans toute leur étendue, suivant la même pente; les lignes de sommet de ces talus ne devront, comme conséquence forcée, pas approcher à moins de 10 m. de distance du mur de séparation

Borelle. Il serait d'ailleurs nécessaire que ces remblais fussent opérés suivant le mode que j'ai déjà plusieurs fois indiqué aux articles des carrières Muller.

Si pourtant les remblais exécutés nouvellement par le sieur Gillet présentaient, par leur masse et l'allongement de leurs talus, des conditions de sécurité, pour les constructions avoisinantes, qui fussent préférables à celles que je viens d'indiquer, il conviendrait alors de laisser les choses dans l'état où elles sont, à l'exception toutefois des intervalles où le but de ces dernières conditions ne serait point atteint.

Enfin, pour que l'exploitation à découvert reste, par rapport aux constructions Borelle et à la cour du pressoir, dans les limites voulues par le règlement, cette exploitation ne doit point être poussée au-delà de la ligne O O'.

Elle ne doit point non plus être portée sur aucun des piliers ou éperons de masse subsistants, et dont la conservation est nécessaire pour retenir les terres de la partie supérieure, et atténuer autant que possible les inconvénients des contraventions commises de ce côté par le sieur Gillet.

Enfin, en ce qui concerne les portions de masse qui, en deçà du front de masse A B, subsistent le long du mur de séparation Lambin, en raison des mesures de sûreté publique que j'ai ci-dessus exposées, il est nécessaire que l'exploitation ne puisse être portée sur aucune des portions de masse qui longent ce mur.

CONCLUSIONS ET PROPOSITIONS.

On peut conclure de tout ce qui précède que dans l'exploitation du cavage de haute masse Gillet, les principaux articles, soit du règlement général sur les carrières, soit du règlement applicable à l'exploitation des cavages de pierres à plâtre, n'ont point été exécutés; que, par suite, un vide considérable existe de la ligne R F' jusqu'au sommet G H du dernier fontis signalé là où, conformément au règlement, la masse aurait dû être conservée; que dans tout le reste de l'intervalle compris entre la ligne O P Q R et le périmètre de la carrière en avant de ces lignes, la masse a pareillement été extraite en contravention au règlement, par rapport, soit au mur de séparation Borelle, soit à la maison appartenant au même propriétaire, soit enfin à la cour du pressoir, et que le cercle des contraventions s'agrandirait encore notablement au cas où, à défaut d'arrangement avec les propriétaires limitrophes Muller d'une part, et Lambin d'autre part, les murs de séparation entre les sieurs Haullier et Candon et les propriétaires ci-dessus désignés devraient être pris en considération.

Que toutefois le sieur Gillet, après s'être livré à de graves et nombreuses contraventions, quant aux distances à conserver, n'a cependant commis que par rapport au sieur Lambin, et sur un espace assez resserré, le délit plus grave encore de pousser son exploitation sous un terrain dont il n'est point locataire.

J'ai indiqué, dans les observations qui précèdent, les conditions qu'il serait nécessaire d'imposer au sieur Gillet, et à son défaut aux sieurs Haullier et Candon dont il n'est que l'ayant-cause, et contre lesquels le recours existerait de plein droit, la propriété devant répondre des contraventions qui y ont été commises du consentement et au bénéfice des propriétaires ; j'ai, dis-je, indiqué les conditions qu'il serait nécessaire d'imposer pour remédier, autant que possible, aux dangers que présente l'état actuel du cavage dont il s'agit, et à la défaveur qui en est résultée pour les propriétés du sommet de la butte ; j'ai également établi la base d'après laquelle devait être déterminée, conformément au règlement, la portion de masse que l'exploitant peut encore prendre à découvert sans se jeter dans des contraventions nouvelles, par rapport aux constructions que j'ai cru devoir faire entrer en considération.

En conséquence de ces observations, j'ai l'honneur de présenter les propositions suivantes :

1° Le sieur Gillet sera tenu de remblayer exactement, jusqu'au ciel du cavage, tous les vides subsistants du point A de la galerie au sommet *g h* du dernier fontis près le point K. Ces remblais seront opérés ainsi qu'il a été exprimé dans les propositions au sujet de la carrière de haute masse Muller.

2° Pour les parties comprises entre le point R et le point O, en suivant la ligne brisée O, P, Q, R, ponctuée en bleu sur le plan, et qui représente la limite au-delà de laquelle la masse n'aurait pas dû être extraite dans ces parties, les remblais seront élevés là où il ne subsiste point de piliers à la hauteur du dessus de la masse ; leurs talus au-dessous de cette hauteur ne dépasseront pas la pente de 1 m. de hauteur pour 1 m. de base, et, au-dessus de cette hauteur, les talus seront élevés, à partir de la même ligne de limite, et dans toute son étendue, suivant la même pente. Les lignes du sommet de ces talus ne devront, comme conséquence forcée, pas approcher à moins de 10 m. de distance du mur de séparation, Borelle. Les remblais seront d'ailleurs opérés par couches minces et pilonnés, de la même manière que ceux de la galerie comprise du point A au point K.

3° Si pourtant les remblais nouvellement exécutés par le sieur Gillet présentaient par leur masse et l'allongement de leurs talus des conditions de sécurité pour les constructions avoisinantes, qui fussent préférables à celles qui viennent d'être fixées à l'article précédent, les choses seraient laissées, pour la partie à laquelle cet article s'applique, dans l'état où elles sont, à l'exception toutefois des intervalles où le but de ces dernières conditions ne serait point atteint.

4° L'exploitation à découvert, considérée relativement aux distances à conserver par rapport au mur de séparation Borelle, à la maison de ce propriétaire et à la cour du pressoir, ne pourra être poussée au-delà de la ligne O'O', ponctuée en bleu sur le plan. Elle ne pourra d'ailleurs être portée sur aucun des piliers ou éperons de masses subsistants. Enfin, en égard à la fréquentation journalière du terrain du sieur Lambin par le public, et, par conséquent, dans un but de sécurité générale, l'exploitation ne pourra non plus être portée sur aucune des portions de masse qui, en avant du front de masse A B, longent le mur de séparation entre le terrain du sieur Lambin et celui de la carrière dont il s'agit.

5° (Comme à l'art. 7 des propositions relatives à la carrière de basse masse Muller.)

6° (Comme à l'art. 5 des propositions relatives à la carrière de haute masse Muller.)

7° En cas de recours insuffisant contre le sieur Gillet, ce recours sera exercé de plein droit contre les sieurs Haullier et Candon, propriétaires de la carrière.

8° Le sieur Gillet, en raison des contraventions que, dans l'intervalle de 1830 à 1836, il a commises à l'art. 29 du règlement spécial de 1813, en approchant trop près des constructions limitrophes, ainsi qu'il résulte de la vérification contradictoirement opérée par le géomètre de l'administration des carrières et par l'ingénieur commis à cet effet par le conseil municipal; en raison aussi de sa contravention à l'art. 15 du règlement général de 1813, résultant de ce que depuis 1830 il n'a plus fourni de complètement du plan de sa carrière de haute masse, bien que depuis il y ait opéré une exploitation considérable, sera condamné, pour chacune de ces natures de contraventions, au maximum de l'amende; et, conformément à l'art. 30 du règlement général, au double de ce maximum, si ces contraventions constituent pour lui le cas de récidive.

9° En ce qui concerne le sieur Lambin : dans un but de sûreté publique, ce propriétaire sera tenu d'interdire son terrain à toute fréquentation, dans la zone dessinée par les distances, par rapport aux vides spécifiés à l'art. 1er, dans lesquelles il peut, conformément au règlement, y avoir danger.

L'interdiction ci-dessus sera temporaire; elle durera jusqu'à l'entier remplissage des dits vides.

Pour que l'effet de cette interdiction soit atteint, le sieur Lambin sera tenu de faire construire, à ses frais, une clôture, soit en maçonnerie, soit en planches juxta-posées, retenues et fixées de manière à opposer un obstacle solide.

Cette clôture aura 2 m. 5o cent. de hauteur au moins; et, pour satisfaire aux conditions de distances par rapport aux vides, elle commencera dans la partie inférieure du terrain, au point I du mur de séparation des sieurs Lambin d'une part, avec Haullier et Candon d'autre part; s'écartera d'abord de ce mur, de manière à en être distante, vis-à-vis le point B, de 24 m. 5o cent.; le longera ensuite de manière à ne pas s'en approcher au droit du point D, à moins de 22 m. 20 cent; au droit du point E, à moins de 32 m.; au droit du point F, à moins de 35 m. 20 cent.; au droit du point G, à moins de 35 m. 6o cent.; au droit de l'angle avec le mur de séparation Borelle, à moins de 20 m.; enfin, elle ira se terminer dans la partie supérieure, en rejoignant, à 20 m. au-dessus de cet angle, le mur de séparation qu'elle aura longé.

10° Dans le cas où le sieur Lambin n'aurait point autorisé, par rapport à sa propriété, les anticipations commises de ce côté par le sieur Gillet, il n'en sera pas moins tenu à faire exécuter provisoirement à ses frais la clôture mentionnée à l'article précédent, et sauf son recours par devant les tribunaux, soit contre le sieur Gillet, soit à son défaut contre les sieurs Haullier et Candon pour leur faire supporter les dépens de la dite clôture.

11° Cette clôture sera exécutée d'après le tracé, et conformément aux instructions de MM. les inspecteurs des carrières; elle devra être terminée dans le délai d'un mois, à partir de la signification à intervenir.

Dans le cas où le sieur Lambin ne se conformerait pas en tous points aux prescriptions précédentes, elles seront exécutées d'office à ses frais.

CHAPITRE V.

CARRIERE GILLET (BASSE MASSE).

RÉSUMÉ ET OBSERVATIONS.

En résumé, dans tout son parcours, le périmètre du cavage de basse masse Gillet ne présente de contraventions à l'art. 29 du règlement spécial (section 4 du titre 3), que, d'une part, par rapport au mur de clôture du chantier de bois; et, d'autre part, au mur de limite Lambin.

La contravention existe dans le premier cas du point E au point F; sa mesure ne s'élève pas au-delà de 4 m. 20 cent., maximum qui ne s'applique qu'à un faible intervalle. Cette contravention peut donc être négligée; elle n'existerait d'ailleurs pas dans le système de 10 m. seulement de distance à conserver : j'ai dit, dans les chapitres 1er et 3e, ce qu'était ce système, et ce que j'en pensais.

Dans le second cas, la mesure de la contravention s'élève à 25 m. au moins pour le point I, et, pour tout l'intervalle où le front de masse de H en J longe le mur de limite Lambin, cette mesure ne descend point au-dessous de 19 m. Elle atteindrait donc encore, dans le cas de 10 m. seulement de distance à conserver, 10 m. au maximum, et 4 m. au minimum.

Quant aux contraventions que présente le cavage sous le rapport des dimensions et des formes suivant lesquelles l'exploitation a eu lieu, ces contraventions se résument facilement ainsi qu'il suit :

Partout où le ciel est en bon état, ses dimensions entre les piliers et le front de masse dépassent de beaucoup la largeur fixée par le règlement, et s'approchent souvent du double de cette largeur; tandis que la largeur du ciel entre les piliers, dépasse le double, et s'approche souvent du triple de celle voulue. A ces fortes exagérations dans les dimensions du ciel, correspond d'ordinaire l'exagération de la largeur de la galerie dans son pied.

Indépendamment de la forme irrégulière qu'ils présentent à leur base, les piliers, dans un grand nombre de cas, sont, ou mal faits dans leur partie supérieure ou nez, ou de dimensions plus faibles que celles voulues par le règlement. Enfin, des piliers paraissent avoir été démaigris, et d'autres l'ont certaine ment été.

Si au contraire la largeur du ciel se trouve conforme à celle que prescrit le règlement, ou ne la dépasse pas de beaucoup, là, le ciel est mauvais et soutenu seulement par des moyens tout-à-fait insuffisants; c'est ce que présente la partie du cavage qui, du point D au point E, se dirige au sud-ouest du puits de service, et vers le chantier de bois; encore, dans cette partie, les piliers sont-ils déchiquetés, mal faits et trop faibles. Quatre fontis situés en avant du point E viennent, par leur voisinage, ajouter au défaut de solidité de cette partie de la carrière.

En un mot, le cavage des basses masses Gillet, considéré sous le rapport des dimensions et des formes suivant lesquelles on a exploité, présente, indépendamment des contraventions que, sous ce même rapport, nous avons signalées pour la carrière de basse masse Muller (chapitre 3e), une contravention nouvelle, résultant de ce qu'un grand nombre de piliers ont été tenus de dimensions moindres que celles prescrites par le règlement, et de ce qu'une partie de ces piliers ont été démaigris.

Il serait bien difficile de fixer ici, pour toutes les parties, les dates, soit de ces dernières contraventions, soit de celles que j'ai signalées par rapport aux distances à conserver; en effet, j'ai fait connaître dans le chapitre précédent, au sujet de la carrière de haute masse Gillet, combien la prescription du règlement, qui ordonne le complètement annuel des plans des cavages, a été négligée pour celui-ci; et ce plan, contenant à la fois les deux carrières, je ne pourrais que répéter ici à ce sujet ce que j'ai déjà dit ailleurs.

Quoi qu'il en soit des précédentes observations, on peut cependant conclure, du plan et des résultats de la vérification contradictoire, que la contravention, par rapport au mur de limite Lambin, a été commise postérieurement à 1828, et que les contraventions les plus graves, sous le rapport de la largeur des ciels et des galeries, de la faiblesse et du démaigrissement des piliers, sont toutes récentes, puisque c'est précisément dans la partie où nous avons relevé une augmentation assez notable du cavage, et où se trouvaient les ateliers en exploitation, que j'ai eu à les signaler.

Au sujet des fontis de la partie D E, j'ai dit que, suivant renseignement de MM. les agents de l'inspection générale des carrières, ces fontis devaient provenir de la rencontre avec l'ancienne carrière Chevreuse, et qu'examen fait, ce renseignement me paraissait devoir être exact. Mais ces messieurs ont affirmé de plus que cette ancienne carrière était écrasée ; et cette affirmation, que j'ai répétée au chapitre 3° (carrière de basse masse Muller), est aujourd'hui controuvée, par suite de la formation récente d'un fontis dans le terrain de MM. Haullier et Gaudon, à assez peu de distance des fontis précités de la carrière Gillet. De la formation de ce fontis, on peut conclure que s'il a réellement été procédé à l'écrasement de la carrière Chevreuse, cette opération ne s'est point étendue à tous les points, et que des vides subsistent dans certaines parties.

Ces vides peuvent être considérables, rien n'établit aujourd'hui le contraire ; ils ne sont peut-être point sans danger, soit pour les constructions riveraines et leurs habitants, soit pour la sûreté des personnes qui journellement fréquentent les terrains au-dessus de la carrière ; et il ne me paraîtrait point sans intérêt d'essayer, au moyen de l'ouverture d'un passage blindé, d'établir la communication, soit de la carrière Muller, soit de la carrière Gillet, aux vides de la carrière Chevreuse ; c'est une question que je me bornerai à offrir à l'examen du conseil municipal : en cas de solution affirmative, le choix du point de départ du passage et de sa direction nécessiterait lui-même un examen sérieux, et dont il serait superflu de m'occuper dès à présent.

J'ai signalé les diverses contraventions commises par le sieur Gillet dans son cavage de basse masse ; sans doute, ces contraventions ne présentent point de danger pour le mur de clôture du chantier de bois, et je ne demanderai point de travaux de consolidation de ce côté.

Par les raisons que j'ai déjà exposées aux chapitres 1er, 3° et 4°, je ne proposerais non plus aucune mesure le long du mur de limite Lambin, si je ne considérais ce mur et le terrain auquel il sert de clôture que comme propriétés du sieur Lambin ; mais, ainsi que je l'ai fait remarquer en traitant de la carrière de haute masse Gillet, le terrain Lambin est ouvert au public qui le fréquente journellement, et, sous ce rapport, je suis d'avis que, dans un but de sûreté publique, le cavage soit écrasé dans la partie qui longe le mur Lambin ; mais l'écrasement ne devrait pas se borner à cette partie ; en effet, d'après les art. 39 et 40 du règlement spécial (section 2 du titre 4) : « Lorsque l'exploitation aura « atteint la distance de 50 m. environ, depuis le pied du puits jusqu'aux extré- « mités de la carrière, ou lorsque les galeries auront 100 m. de longueur en- « viron, l'exploitant sera tenu d'en donner avis à l'inspecteur des carrières qui « jugera, d'après l'état des travaux, si l'on peut continuer l'exploitation par le « même puits, ou s'il n'est pas préférable d'en percer un autre. »

« Si l'état des travaux fait craindre des tassements ou des éboulements, l'ins-
« pecteur général en donnera avis, et il sera ordonné de faire sauter et combler
« toutes les parties qui pourraient donner quelque inquiétude, en commen-
« çant par les plus éloignées du pied du puits, et s'en rapprochant succes-
« sivement. »

Or, la partie du cavage qui se dirige vers le sud-ouest et le chantier de bois,
s'étend à plus de 50 m. du puits : celle qui se dirige vers le sud-est et la limite
Lambin, s'étend à plus de 65 m. du même point ; ces parties sont, ou en
mauvais état, ou présentent de graves contraventions quant aux dimensions et
aux formes suivant lesquelles elles ont été exploitées ; elles ne sauraient donc
plus, sans danger, servir à l'extraction de la masse qui reste à prendre, entre
les lignes F G, G H, le chantier de bois et la limite Lambin. De plus, par les
mêmes raisons, elles présentent des dangers à la surface ; le terrain des sieurs
Haullier et Candon n'étant pas clos, et, eu égard surtout à ce que le chemin des
exploitations, suivi par les ouvriers et les voitures, se trouve établi sur la première partie, qui, précisément, est la plus dangereuse ; je suis donc d'avis
qu'elles doivent être écrasées, et que les art. 39 et 40 du règlement spécial
(section 2 du titre 4) doivent aussi recevoir leur exécution.

Quant à la masse restant à prendre dans l'intervalle que j'ai ci-dessus spécifié,
le sieur Gillet pourra l'extraire, soit en pratiquant un nouveau puits dans l'emplacement qui lui sera indiqué, soit, s'il le préfère, en ouvrant une galerie de
service au point G ou à tout autre point avoisinant, et en assurant alors le passage du puits à l'entrée de cette nouvelle galerie, au moyen de la construction
d'une voûte en maçonnerie.

Quant à la partie du cavage qui, au nord du puits de service, se dirigeant
vers le cavage de hausse masse et la limite Muller, ne s'étend point encore à
50 m. de ce puits, mais approche de cette distance, comme cette partie est celle
où les contraventions ci-dessus rappelées ont été commises de la manière la plus
grave, je suis d'avis qu'elle doit pareillement être écrasée, et que, pour l'exploitation de la masse qui reste à prendre en avant du cavage de haute masse, le
sieur Gillet doit encore avoir le choix entre le percement d'un puits de ce côté,
et l'ouverture d'une ou plusieurs galeries de service, dont les entrées pourraient
être pratiquées, ou avoisinant le point K, ou avoisinant le point A, à la condition
déjà ci-dessus exprimée, que les passages du puits, à ces entrées, seraient assurés,
au moyen de la construction des voûtes en maçonnerie, sur toute la longueur
du trajet.

Un moyen semblable serait employé aux environs du point D, pour extraire la masse qui reste à prendre entre le front de masse C.D., la limite Muller et l'ancienne carrière Chevreuse.

Je n'ai point encore parlé jusqu'à présent de la maison habitée par Mme Gillet, ni du petit bâtiment servant d'écurie; chacune de ces constructions, dans la moitié environ de son emplacement, est établie sur le vide : je n'ai pas besoin d'insister pour faire ressortir ici encore l'inexécution du règlement et les dangers qui en résultent pour la vie des personnes; pour y porter remède, il me paraît indispensable que les parties de galeries correspondantes, soit à l'un, soit à l'autre bâtiment, soient consolidées au moyen de la construction d'une voûte en maçonnerie; je dis, soit à l'un, soit à l'autre, parce que l'écurie doit probablement être habitée la nuit par un domestique. Enfin, je demanderai que ce moyen de consolidation soit appliqué à toutes les parties du cavage actuel qui, dans les environs du puits de service, devront subsister.

Après avoir établi la nécessité de l'écrasement du cavage, notamment le long du terrain Lambin et du mur qui en forme la limite, j'ajouterai que les considérations que j'ai développées, chapitre quatrième, au sujet du cavage de haute masse, se présenteraient encore ici, quant aux mesures de précaution à imposer à ce propriétaire; et, que, d'après ces considérations, je suis d'avis qu'il soit tenu de parer, par un moyen pareil à celui déjà proposé par moi, au danger des contraventions qu'il paraît avoir autorisées. La clôture, construite de la même manière que le long du cavage de haute masse, serait établie suivant les mêmes conditions de distances, par rapport aux vides; seulement, eu égard, tant à la différence de position du front de masse par rapport au mur de limite, qu'à la différence d'épaisseur des terres de recouvrement, les distances de la clôture à ce mur de limite devraient nécessairement ne pas être les mêmes que dans l'autre cas. Faute d'avoir établi une correspondance de hauteurs entre les terres attenant la lunette et celles qui longent le mur de séparation Lambin, de l'autre côté du mur, je n'indiquerai point les chiffres des distances dont il vient d'être question; mais le nivellement fixera facilement ce que devront être ces chiffres, pour satisfaire à la condition énoncée.

Il sera nécessaire que l'interdiction à toute fréquentation en dedans de cette clôture subsiste encore, après l'écrasement du cavage, jusqu'à ce que les terres au dessus aient été régularisées suivant des talus dont les pentes n'aient pas moins de 1 mètre de base pour 1 mètre de hauteur.

Au cas où, à cette clôture, et à celle dont j'ai déjà proposé d'exiger la construction, le sieur Lambin préfèrerait substituer l'interdiction absolue de tout son terrain au moyen d'une clôture qui, construite comme les précédentes, traverserait son terrain au-dessus des bouches du cavage Leclaire, et viendrait joindre le mur de séparation avec Haullier et Candon, au-dessous des points ci-dessus mentionnés de la carrière de basse masse Gillet, et où aucune obligation contraire n'existerait de sa part vis-à-vis de la commune, il est évident qu'il devrait en être le maître, puisque de cette manière. les mêmes conditions de sûreté se trouveraient réalisées.

La portion assez importante de masse restant à prendre entre le périmètre de la carrière, le mur de clôture du chantier de bois, et le mur de séparation Lambin, se trouve suffisamment déterminée par la distance à conserver par rapport au premier de ces murs, distance que j'ai déjà fait connaître plus haut, et par celles qui devront également être conservées par rapport au mur de séparation Lambin, si le terrain longeant cette partie du mur continue à être fréquenté par le public.

Il me reste à fixer la limite que l'exploitation, du côté du cavage de haute masse, ne devra point transgresser. Or, vis-à-vis le front de masse A B, au nord du puits de service, le cavage de la haute masse étant écrasé de ce côté, et des remblais y ayant été opérés, c'est par rapport aux constructions Borelle et à la cour du pressoir que la distance à conserver doit être calculée. De plus, il n'est pas à supposer que les remblais puissent se maintenir avec la pente de 1 m. de base pour 1 m. de hauteur : on doit au contraire compter sur la pente ordinaire que prennent à la longue les remblais, celle de 1 m. 1/2 de base pour 1 m. de hauteur ; à ce taux, en tenant compte d'ailleurs d'une largeur de 10 m. entre le sommet des talus et le mur de limite Sorel, et de pareille largeur entre le pied de ces talus et le périmètre de la basse masse, on obtient pour limite que ce périmètre ne devra pas dépasser, la ligne brisée L M N que j'ai ponctuée en noir sur le plan.

Il ne reste donc pour ainsi dire plus rien à extraire de ce côté.

Du côté qui se rapproche au contraire de la galerie subsistante du cavage de haute masse, l'exploitation ne devra pas approcher à moins de 10 m. de l'éperon de masse A a ; la ligne de limite se complètera de cette manière par la portion N O également ponctuée en noir sur le plan ; et l'exploitation, indépendamment de ce qu'elle ne devra pas être poussée au-delà de cette ligne, devra encore être tenue à une distance de 10 m. de l'éperon de masse, qui, conformément à mes propositions au sujet du cavage de haute masse, devra, dans tous les cas, être conservé en avant du front de masse A B.

Enfin, quant à la tourelle ou cahute en maçonnerie, qui, aux termes du règlement, devrait recouvrir le puits des échelles, et quant aux modes de construction et à l'état de ces échelles, je ne pourrais que répéter les observations que j'ai déjà présentées sur ce sujet au chapitre troisième. (*Carrière de basse masse Muller*). Je me bornerai donc à renvoyer sur ce point au contenu du dit chapitre.

CONCLUSIONS ET PROPOSITIONS.

On peut conclure de tout ce qui précède, que, dans l'exploitation de cavage de basse masse Gillet, des articles principaux, soit du règlement général sur les carrières, soit du règlement applicable à l'exploitation des cavages de pierre à plâtre, n'ont point été exécutés ; que si, à la vérité, quant aux distances à conserver, il n'existe de contraventions notables que le long du mur de séparation Lambin, où encore elles perdent beaucoup de leur gravité en raison du consentement probable de ce propriétaire, des contraventions très-graves ont, au contraire, été généralement commises, quant aux dimensions et aux formes suivant lesquelles l'exploitation a été opérée ; qu'il en résulte des dangers réels, tant pour le terrain Lambin, journellement fréquenté par le public, que pour le terrain Haullier et Candon, qui n'est pas clos davantage, et sert d'ailleurs de passage aux ouvriers et aux voitures de l'exploitation ; et que la maison habitée par Mme Gillet, et le petit bâtiment servant d'écurie ne sont également point, pour longtemps, à l'abri de tout événement fâcheux.

J'ai indiqué, dans les observations qui précèdent, les conditions qu'il serait nécessaire d'imposer au sieur Gillet, et, à son défaut, aux sieurs Haullier et Candon, pour remédier aux dangers que présente l'état actuel du cavage dont il s'agit.

J'ai également établi les bases d'après lesquelles doit être déterminée, conformément au règlement, la portion de masse que l'exploitant peut encore prendre, au sud-est du puits de service, et la limite, qu'au nord-est du même point, l'exploitation ne devra point transgresser, pour rester par rapport, soit à la partie subsistante du cavage de haute masse, soit aux remblais opérés sur l'autre partie, dans les conditions de sûreté que réclament les constructions supérieures, et le terrain Lambin.

En conséquence de ces observations, j'ai l'honneur de présenter les propositions suivantes :

1° Le sieur Gillet sera tenu de procéder à l'écrasement de tout son cavage de basse masse, à l'exception des petites parties qu'il sera nécessaire de conserver aux alentours du puits de service, pour former passage du pied de ce puits aux entrées des nouvelles galeries de service que l'exploitant pourra ouvrir dans les environs des points G, K, A, D, du plan, dans le but de procéder à l'exploitation de la masse restant à prendre dans ces diverses directions.

2° Toutes les parties du cavage actuel qui seront conservées, soit à l'effet ci-dessus spécifié, soit pour ne point porter atteinte à l'existence du puits de service, du manége, de la maison habitée par Mme Gillet, et du petit bâtiment servant d'écurie, seront consolidés, dans toute leur étendue, par la construction de voûtes en maçonnerie dont les dimensions et le mode de construction seront fixés par MM. les inspecteurs des carrières.

3° Dans la quinzaine qui suivra la notification de l'arrêté à intervenir, le sieur Gillet fera cesser entièrement ses travaux d'exploitation; dans le même délai il devra mettre des ouvriers à l'écrasement ci-dessus spécifié du cavage, et le fera commencer par les parties les plus éloignées, et continuer successivement en revenant vers le puits.

L'opération d'écrasement ne pourra être discontinuée, et devra être terminée dans le délai de six mois à partir de la notification.

4° Dans le cas où le sieur Gillet se déciderait à se servir du puits existant, pour opérer l'extraction des diverses parties de masse restant à prendre, en ouvrant à cet effet de nouvelles galeries de service, ainsi qu'il a été exprimé plus haut, il fera connaître à M. l'inspecteur général des carrières les points où il se propose de pratiquer les entrées de ces galeries; et aussitôt après que ces points auront été reconnus convenables, ou que d'autres emplacements lui auront été indiqués, il pourra faire commencer la construction des voûtes en maçonnerie, sur la longueur des divers passages du puits de service aux entrées des nouvelles galeries; il en sera de même des voûtes à construire sous les autres emplacements indiqués à l'art. 2, et qu'il désirera ne pas écraser aux alentours des puits.

5° Pour l'exécution des travaux ci-dessus spécifiés, le sieur Gillet sera tenu de se conformer exactement aux prescriptions qu'il recevra, à cet effet, de MM. les inspecteurs des carrières.

Un agent de l'inspection générale des carrières sera, d'ailleurs, chargé de surveiller exactement l'exécution de ces divers travaux.

6° Les limites de l'exploitation de la masse restant à prendre au sud-est du puits du service, seront déterminées conformément au règlement, d'après les chiffres d'épaisseur des terres le long des murs limites des propriétés riveraines; à moins que le terrain Lambin venant à cesser, d'une manière absolue, d'être fréquenté par le public, il n'y ait lieu à exception de ce côté.

Au nord-est, du côté du cavage de haute masse, cette exploitation ne pourra dépasser la ligne de limite L M N O, ni s'approcher à moins de 10 m. de l'éperon de haute masse, qui, dans tous les cas, devra être conservé en deçà de la partie A B du front de masse supérieure.

7° Avant de pouvoir reprendre ses travaux d'exploitation, le sieur Gillet devra, conformément à l'art. 50 du règlement spécial de 1813 (section 2 du tit. 4), construire au dessus du puits des échelles une cahute en maçonnerie, en lui donnant d'ailleurs les dimensions prescrites par le dit article.

Il devra pareillement, et en conformité de l'art. 51 du même règlement, substituer à l'échelle ajourd'hui existante dans la lunette, une échelle à deux montants, en bois de chêne sain et nerveux, dont les échelons seront disposés de la manière qui sera indiquée par M. l'inspecteur général des carrières; cette échelle devra d'ailleurs être fixée conformément aux prescriptions de l'article ci-dessus relaté du règlement.

8° Le sieur Gillet, en raison des contraventions qu'il a commises tout récemment encore aux art. 37 et 38 du règlement spécial de 1813 (section 2 du tit. 4), en exploitant sur des dimensions et des formes desquelles ne saurait nullement résulter la solidité que comportent celles prescrites par le règlement; en raison aussi de sa contravention à l'art. 15 du règlement général de 1813, résultant de ce que, de 1830 à 1836, il n'a pas fourni de complètement du plan de sa carrière de basse masse, sera condamné, pour chacune de ces natures de contraventions, au maximum de l'amende; et, conformément à l'art. 30 du règlement général, au double de ce maximum, si ces contraventions constituent pour lui le cas de récidive.

9° Comme au 9° des propositions au sujet de la carrière de haute masse Gillet (chapitre 4); avec cette différence que les distances de la clôture au mur de limite ne sauraient être les mêmes que dans le premier cas, et que les chiffres de ces distances devront être fixés d'après les cotes de l'épaisseur des terres au dessus du ciel de la carrière de basse masse, aux divers points du mur de limite Lambin, correspondants à la partie H J du périmètre de la dite carrière; et que, dans le cas où le sieur Lambin préfèrerait substituer à la clôture dont il est question, et à celle dont j'ai déjà proposé la construction (chapitre 4), l'interdiction absolue de tout son terrain, au moyen d'une clôture qui, construite comme les précédentes, traverserait son terrain au dessus des bouches du cavage Leclaire, et viendrait joindre le mur de séparation avec les sieurs Haullier et Candon, au dessous de la partie ci-dessus mentionnée du périmètre de la carrière de basse masse Gillet; dans le cas, d'ailleurs, où aucune obligation contraire n'existerait de sa part, vis-à-vis de la commune, il lui sera loisible d'opérer la dite substitution.

————

Pour copie conforme des chapitres 4e et 5e du rapport rédigé et présenté par le soussigné, ingénieur civil, ancien élève de l'école polytechnique, commis par le conseil municipal de Montmartre, à l'effet d'assister, dans l'intérêt de la commune, à la vérification générale des plans des carrières y existantes.

HIPPOLYTE HAGEAU,
Rue Coquenard, 8.

Paris, le 19 mars 1837.

Paris. — Imprimerie de DEZAUCHE, faubourg Montmartre, n. 11.

COMMUNE DE MONTMARTRE.

RAPPORT

DE L'INGÉNIEUR DE LA COMMUNE, SUR LE RÉSULTAT DE LA VÉRIFICATION

CONTRADICTOIRE

DES

Plans des Carrières.

PARIS.

DE L'IMPRIMERIE DE E.-B. DELANCHY,

RUE DU FAUBOURG-MONTMARTRE, N° 11.

1837.

RÉCAPITULATION GÉNÉRALE.

La récapitulation des divers chapitres de ce rapport, en ce qui concerne, tant la position de la butte Montmartre, par rapport aux diverses carrières existant dans la commune, que les contraventions commises par les exploitants, quant aux distances à conserver, peut se faire ainsi qu'il suit, d'une manière assez succincte.

Dans l'état actuel des choses, la butte se trouve cernée au sud :

1° Par le cavage de haute masse Muller, dont l'exploitation, après s'être avancée hardiment jusqu'au mur de limite du chemin vieux, a longé la série de constructions formée par les maisons désignées par nous sous le nom de Richon, le carrefour Traîné, le pavillon de Gabrielle et la place du Tertre, en commettant dans toute cette étendue de graves contraventions, quant aux distances à conserver ;

2° Par la carrière de basse masse Chevreuse : ce cavage passe pour avoir été écrasé, et nous n'avons pu en effet y pénétrer, ni par suite reconnaître les limites de son périmètre ou front de masse ; cependant, la formation assez récente d'un fontis dans le terrain des sieurs Haullier et Candon prouve que l'écrasement n'a pas été opéré d'une manière complète, et justifie la crainte que des vides n'existent encore dans l'emplacement de cette carrière ;

3° Par le cavage de basse masse Muller, dont les vides non-seulement ont été dirigés beaucoup trop près du chemin vieux et de la série des constructions habitées qui le bordent, au bas de ce chemin et le long de la place de l'Abbaye, mais encore ont pénétré sous quelques-unes de ces habitations, et ont en outre été poussés fort avant sous le cavage de haute masse, en aggravant les dangers que, par suite des contraventions commises, ce cavage présentait déjà par rapport au chemin vieux ;

4° Par le cavage de haute masse Gilet, qui présente également de graves contraventions, son périmètre ayant été avancé beaucoup trop près de la cour du Pressoir, des constructions Borelle, et du terrain appartenant au sieur Lambin, et fréquenté par le public ;

5° Par le cavage Gillet (basse masse), qui, si, à la vérité, quant aux distances à conserver, il n'offre de contraventions que par rapport au mur du chantier de bois, et plus particulièrement à celui du terrain Lambin, fréquenté, ainsi que nous venons de le dire, par le public, en présente au contraire de graves et nombreuses, sous le rapport des dimensions et des formes suivant lesquelles l'exploitation a été faite, et, par suite, expose à de véritables dangers, tant les ouvriers qui, dans l'état actuel des choses, continuent cette exploitation, que les hommes et les voitures qui fréquentent le terrain à sa surface ;

6° Par la carrière Leclaire (haute masse). Jusqu'à présent l'exploitation de ce cavage, ouvert depuis peu de temps, à l'époque de la vérification contradictoirement faite, ne menace pas l'église, encore moins la maison du sieur Ferry et la rue des Rosiers ; mais ce qui se trouvait fait l'avait été sans autorisation régulière ; l'exploitant, conformément à son marché avec le sieur Lambin, son propriétaire, comptait pousser l'extraction, à peu de choses près, jusqu'aux limites du terrain dudit sieur Lambin ; et si l'on veut s'étayer sur la série continue des contraventions accomplies dans les cavages précédents, il sera permis de dire, sans, je pense, courir risque d'être taxé de présomption téméraire ou de mauvais vouloir, que, sans les réclamations de la commune de Montmartre, et sans la vérification contradictoire dont elles ont été la source, les graves et dangereuses contraventions projetées par le sieur Leclaire se seraient réalisées tout aussi facilement que celles auxquelles tant d'autres carriers ont pu impunément se livrer.

Quoi qu'il en soit, si l'on détermine les limites de l'exploitation, conformément aux prescriptions du règlement, quant aux distances à conserver, il ne doit aujourd'hui rester que fort peu de chose à prendre dans ce cavage, et déjà, lors de la vérification contradictoire, l'exploitant se serait avancé trop loin en souchet.

La butte se trouve cernée au sud-est :

1° Par le cavage Ferry (haute masse), dont l'exploitation a été poussée déjà un peu trop près, par rapport à la maison Ferry, et beaucoup trop près, par rapport à l'habitation Feutrier;

2° Par le cavage d'André Muller (haute masse). Ce cavage, aujourd'hui remblayé et dont le périmètre n'a par conséquent pu être vérifié, a donné lieu, ainsi qu'on le reconnaît par l'examen du plan existant, aux contraventions les plus fortes et les plus dangereuses, quant aux distances à conserver.

Ainsi, à l'ouest, le périmètre ou front de masse a été poussé, d'une part, jusque sous le mur de soutènement du plateau du moulin de la Lancette, et jusque sous ce plateau lui-même ; la chute du moulin a été la suite de cette audacieuse contravention, et si cette chute eût été plus instantanée, comme cela pouvait fort bien arriver, nul doute que de déplorables accidents n'en eussent été la conséquence, puisqu'il continuait à être habité;

D'autre part, jusqu'à la distance de 8 mètres environ de la maison Feutrier; et cependant cette maison n'a été évacuée que lors de l'accident du moulin de la Lancette. Cette carrière n'offre plus aujourd'hui, dira-t-on, aucun danger, puisqu'elle est remblayée. Cela est vrai, si l'opération de remblai a été faite dans toutes les parties, et l'a été aussi exactement que possible; mais les dépressions survenues depuis à la surface, dans la partie attenant le chemin de la Fontenelle, permettraient d'en douter, et, d'ailleurs, ce chemin est aujourd'hui, dans une partie de sa longueur, comme suspendu entre les espèces de ravins que, de chaque côté, forment les terrains des carrières.

Au nord, l'exploitation a été poussée jusque sous le chemin de la Fontenelle, dont elle a envahi presque toute la largeur, et la chute d'une partie de ce chemin a encore ici été le résultat des anticipations commises.

3° Par la carrière André Muller (basse masse); cavage qu'on m'a pareillement dit être remblayé, dont la lunette est en effet remplie, et que, par conséquent, il n'a pas été possible de visiter. On pourrait encore, pour cette carrière, douter de l'exactitude du remblai, l'événement arrivé à une voiture de porteur d'eau, dans la rue Feutrier, en face de la porte charretière du sieur André Muller, étant de nature à inspirer, sous ce rapport, des craintes sérieuses.

La butte se trouve cernée à l'est :

1° Par le cavage Cottin (haute masse), dont une partie est affaissée, et dont une autre petite partie subsiste et menace le chemin de la Fontenelle, dont elle s'approche infiniment trop;

2° Par la carrière de la veuve Goguin (haute masse). Ce cavage est aujourd'hui remblayé, et les dépenses de remblai sont restées à la charge du département. Le périmètre ou front de masse a été poussé, d'une part, au sud, jusque sous le chemin de la Fontenelle, et a donné lieu, comme pour la carrière André Muller, à l'écroulement d'une partie de ce chemin dont le public a, par suite, été privé pendant plus d'une année; d'autre part, à l'ouest, jusque sous le mur de clôture du sieur Sulot, propriétaire limitrophe : la chute du mur et celle des terres au derrière ont été la suite de cette spoliation; et toutes les poursuites du propriétaire lésé sont restées sans effet contre un adversaire dénué de toutes ressources. Le sieur Sulot a dû encore supposer les frais de poursuite.

La butte se trouve cernée au nord-est :

1° Par la carrière Suret (haute masse), dont l'exploitation par cavage se trouve déjà poussée en souchet un peu trop près du chemin de la Bonne, et plus près encore du regard en maçonnerie qui, sur le bord de ce chemin, appartient à la dame de Romanet : ce cavage ne laisse que fort peu de chose à prendre, conformément aux prescriptions du règlement ;

2° Par la carrière Suret (basse masse), dont l'exploitation par cavage approche, au sud-ouest, trop près de l'habitation dite *le Réduit*; longe, vers l'est, à assez peu de distance, la route dite *Chaussée* ou *pavé de Clignancourt*; et s'en approche beaucoup trop près dans la petite partie relevée au-dessus du ciel lors de la vérification contradictoire, partie dans laquelle des hagues ou murs de soutènement retenant probablement des remblais au derrière, n'ont pas permis de reconnaître le périmètre ou front de masse de la carrière, et ce n'est qu'au moyen de l'ouverture d'un passage blindé qu'on pourrait connaître exactement la mesure de la contravention et l'état de cette partie de cavage, fort intéressante en raison de sa proximité de la route départementale.

Cette carrière présenterait encore une partie assez notable de masse à prendre vers l'ouest; mais cette masse y est mauvaise, et par suite l'exploitation n'en est pas exempte de dangers.

3° Par la carrière de Mme de Romanet, exploitée par Mme veuve Veaugeois. Ce cavage ne présente pas un grand intérêt, quant aux chemins et constructions qui l'avoisinent; seulement le périmètre approche beaucoup trop près des bâtiments de l'exploitation, et trop près aussi des bâtiments Suret. Le front de masse est coupé dans la majeure partie de son parcours par des rencontres de terres qui indiquent la soudure avec une carrière ancienne; il ne saurait donc rester beaucoup à prendre.

La butte est cernée au nord :

1° Par la carrière Barbot (basse masse), indiquée sur le plan sous les noms Boudard et Diard; je ne puis que répéter, au sujet de ce cavage, ce que je viens de dire du précédent; toutefois, son périmètre n'approche d'aucuns chemins ou constructions : on y travaillait lors de la vérification contradictoire, sans avoir obtenu d'autorisation ;

2° Par la carrière Diard (basse masse); ce cavage, dans l'exploitation duquel le fils a succédé au père, et où, lors de notre vérification, on travaillait sans l'autorisation nouvelle qui aurait dû être demandée; ce cavage, dis-je, est convenablement éloigné des chemins et constructions : il se soude comme les précédents à une exploitation ancienne;

3° Par la carrière Borelle (basse masse). Ce cavage, qu'on n'exploite plus depuis quelques années, est fort petit, et présente un état de dégradation qui ne nous a nullement permis de nous livrer à une vérification complète. Au reste, il résulte du plan que, dans l'exploitation de ce cavage, le sieur Borelle n'est pas sorti des limites que lui assignait le règlement.

Dans tout l'intervalle que je viens de décrire, depuis le cavage Suret (haute masse) jusqu'au cavage Borelle (basse masse), il existe une succession d'exploitations à découvert qui serrent la butte de plus près encore que les cavages de basse masse.

Les termes de ma commission, tout en réclamant de moi la vérification du périmètre des exploitations à ciel ouvert, n'étaient pas sur ce point assez précis pour que j'aie cru devoir me livrer à une vérification régulière au sujet de ces exploitations; mais toutefois, en opérant à peu de distance de là, il m'a été facile de reconnaître qu'elles étaient poussées hardiment vers la butte, et que, notamment, celle exploitée par le sieur Héricher s'avançait beaucoup trop près des maisons appartenant à la dame Tardieu et au sieur Barbot, et exposait ces habitations à un péril imminent. Sur l'observation que j'en ai faite à MM. les agents de l'administration des carrières, il m'a été répondu qu'il était convenu que la maison de Mme Tardieu devait être démolie. En attendant, les deux maisons que je viens de signaler subsistent, et de plus continuent à être habitées.

L'exploitation de haute masse faite à découvert par le sieur Borelle, presque attenant son cavage de basse masse, et qui, comme celui-ci, est terminée, m'a également permis de reconnaître de graves contraventions auxquelles cet exploitant a pu impunément se livrer. Ainsi, il a poussé cette exploitation, vers le nord-est, à peu de chose près, jusqu'à la rive du chemin des Bœufs, et vers le sud-est, jusqu'à quelques mètres seulement de distance du chemin de la fontaine du But; il paraîtrait même, au dire de MM. les agents de l'administration des carrières, que le sieur Borelle avait ouvert, de ce côté, un cavage passant sous ce chemin, et qui donna lieu à un fontis.

La butte est cernée au nord-ouest :

1° Par la carrière de la Canne ou de la hutte aux Gardes (basse masse); ce cavage, dans sa partie encore existante, se trouve bien certainement à des distances suffisantes des chemins, mais il est entouré de tous côtés par d'anciennes excavations qui paraissent s'étendre assez loin, et n'avoir point été complètement remblayées ou affaissées, puisque dernièrement on a rencontré des vides dans l'emplacement même du chemin des Bœufs, autrement dit de ceinture;

2° Par la carrière Magnan (basse masse), cavage abandonné, et qui, vu son mauvais état, ne saurait être repris.

La butte est cernée à l'ouest :

1° Par la carrière Belhomme et Tourlaque (haute masse); ce cavage, qui ne se compose que d'une seule rue de service, dont l'exploitation, suspendue pendant plusieurs années, avait été reprise moins d'un an avant notre vérification, vient d'être interdit, il y a quelques mois, par un arrêté préfectoral rendu sur les plaintes du sieur Auguste Debray, propriétaire limitrophe de la carrière, et dont le mur de clôture se trouvait approché de trop près; un jugement de la Cour royale est intervenu peu de temps après, et a, par ses dispositions, témoigné du respect dû à la sûreté des propriétés riveraines des carrières.;

2° Par la carrière Belhomme (basse masse). Dans la partie ouest, qui longe le chemin des Dames, l'exploitation de ce cavage a été poussée jusqu'au fossé servant de limite au chemin dont, de cette manière, la sûreté se trouve compromise par cette grave contravention ; il ne nous a pas été possible de vérifier tout le périmètre de cette carrière que des fontis obstruent en assez grande partie; mais dans la portion même dont l'accès est ainsi devenu impraticable., le plan indique, assez près aussi du chemin des Dames, et dans la direction de ce chemin, des rencontres d'éboulement de terres annonçant la jonction, de ce côté, avec d'anciennes exploitations qui probablement se continuent sous le chemin des Dames.

Dans sa position actuelle, le cavage dont il s'agit ne saurait au reste laisser que peu de chose à exploiter.

Enfin, la ceinture de carrières que je viens de décrire se termine au sud-ouest par la carrière Héricourt (haute masse et basse masse).

Le premier de ces cavages a été remblayé par suite d'arrêtés préfectoraux pris depuis la vérification contradictoire, et ne présente plus aujourd'hui les mêmes dangers, surtout si l'opération du remblai a été exactement faite.

Le périmètre de ce cavage a été poussé dans les directions du nord-est et de l'est, beaucoup trop près, soit des murs, soit des maisons qui bordent le chemin neuf; le cavage de basse masse a, dans les mêmes directions, été avancé jusqu'à la première ligne de celui de haute masse, et même sous une petite partie de ce cavage; par suite de ces contraventions périlleuses, des arrêts préfectoraux, pris immédiatement après la vérification contradictoire, sont intervenus pour ordonner d'urgence, et par motif de sûreté individuelle, la démolition d'une partie des constructions ci-dessus spécifiées, laissant du reste aux parties lésées par les contraventions du sieur Héricourt, à faire valoir par-devant qui de droit leurs titres contre ce dernier. Les maisons Labre et Fleury ont été par suite évacuées, et la dernière plus tard en partie démolie; la fréquentation des jardins Burq et Virey a été interdite, et des fontis étant venus postérieurement à s'ouvrir au-dessus du cavage de basse masse, au pied des talus de la haute masse, l'écroulement de plusieurs murs de jardins et l'éboulement des terres qu'ils maintenaient ont été la conséquence de ces accidents.

DISPOSITIONS GÉNÉRALES. — CONCLUSIONS.

Le second de ces cavages, celui de basse masse, a été poussé à l'est sous des héritages riverains, et sous le mur de clôture d'un de ces héritages ; au sud-ouest, sur une assez grande longueur, il touche, à peu de chose près, la rive du chemin de la Cure, dont la sûreté se trouve gravement compromise par un si proche et si dangereux voisinage.

L'exploitation dans ce cavage a été définitivement interdite depuis la vérification contradictoire, mais elle n'est point remblayée, et la fréquentation qui continue à se faire à la surface, pour les transports des décharges, présente, à raison de l'état du cavage, des dangers très-sérieux.

En résumé, de la récapitulation qui précède, il résulte que, dans l'état actuel des choses, la butte Montmartre se trouve serrée d'extrêmement près par une ceinture de carrières qui, sauf très-peu d'exceptions, ont approché, soit des constructions riveraines, soit des chemins publics, beaucoup plus que ne le permet le règlement du 22 mars 1813, lequel est en vigueur ; que, dans quelques cas même, les exploitations ont été poussées sous des constructions ou des chemins, et qu'il en est survenu, tant pour les propriétaires riverains que pour le public, de graves inconvénients. Qu'ainsi, par exemple, deux chemins principaux, le chemin Vieux et celui dit de la Fontenelle, se trouvent, dans une partie de leur longueur, comme suspendus un peu trop hardiment entre les ravins assez profonds que forme, de chaque côté, le terrain abaissé de carrières, et sont encore bordés, en quelques points, par des vides non remblayés, danger qu'ils partagent, du reste, avec le chemin de la Cure et celui des Dames, avec plusieurs constructions, places, carrefours ; peut-être aussi avec la chaussée de Clignancourt, le chemin des Bœufs, etc.

Qu'il reste aujourd'hui fort peu de masse à prendre par cavages ; les deux exploitations de ce genre les plus récemment ouvertes, et qui seules paraissaient d'abord placées de manière à se poursuivre activement pendant quelques années, étant, par suite de la vérification contradictoire, l'une, la carrière Leclaire, réduite à un travail de quelques mois ; l'autre, la carrière Belhomme et Tourlaque, entièrement interdite ; et la série des exploitations par cavages de basse masse qui s'étendent depuis la carrière Suret jusqu'à la carrière Borelle, présentant, indépendamment de l'obstacle insurmontable du peu d'espace dont elles peuvent encore disposer, présentant, dis-je, l'inconvénient grave d'être pratiquées dans une masse de mauvaise qualité, circonstance qui entraîne avec elle l'inexécution presque obligée du règlement, quant aux formes à observer, le mauvais état de ce cavage, et enfin la permanence de dangers imminents pour les ouvriers. Ces observations s'appliquent à plus forte raison au cavage de la Canne, autrement de la Hutte aux Gardes, lequel, aux titres précédents, aurait depuis long-temps dû être interdit ;

Qu'il reste pareillement peu de masse à prendre par exploitations à ciel ouvert ;

Que l'art. 29, section 4, du titre 3 du règlement spécial précité, lequel article est relatif aux distances à conserver dans l'exploitation *des cavages de toute espèce*, n'a, en général, pas reçu d'exécution ; je dirai même que, d'une manière absolue, il n'a pas été mis en application, puisque l'épaisseur des terres, au-dessus des cavages, ne saurait être établie que par des nivellements, et que l'administration des carrières n'avait, avant la vérification contradictoire, fait procéder, pour aucune carrière, à des nivellements qui pussent fixer cette épaisseur. Je ne crois pas me tromper en avançant cette assertion ; je l'appuierai d'ailleurs d'un exemple tiré de la dernière autorisation donnée avant la vérification contradictoire, autorisation qui ne précéda que de bien peu cette opération. Elle s'appliquait à la carrière Belhomme et Tourlaque (haute masse), que le sieur Brochet exploitait depuis quelque temps, en attendant sa permission ; or, si l'on eût voulu exécuter le règlement, si par conséquent des nivellements eussent été faits, l'autorisation n'eût pu être accordée, même en réduisant la largeur de la galerie à 6 mètres, comme on en avait fait la condition au sieur Brochet ; le galerie se trouvant, sur toute sa largeur, en contravention, par rapport au mur Debray. Et malgré cette circonstance, on ne s'est appuyé, dans l'arrêté d'interdiction, que sur la trop grande largeur de la galerie, et il n'a nullement été question de la contravention, par rapport à la propriété Debray, cause véritable de l'arrêté d'interdiction.

On ne saurait dire que les contraventions de cette nature sont toutes anciennes ; en effet, j'ai prouvé par les divers complètements de plans rapprochés, soit entre eux au moyen des dates, soit avec les résultats de la vérification contradictoire, qu'un assez grand nombre de ces contraventions étaient de dates récentes.

Il s'en faut du reste singulièrement que les contraventions à l'article précité du règlement soient les seules qui aient eu lieu ; en effet, sans quitter le même décret, celui qui forme règlement spécial sur l'exploitation, on voit que les art. 13, 14, 15 de la section 2 du titre 3, lesquels fixent la largeur des rues de service, celle des ateliers, l'espacement des piliers, n'ont généralement pas été exécutés; qu'il en est de même de l'art. 18, qui exige l'établissement d'une banquette de 3 mètres de largeur sur la longueur du front du cavage;

De l'art. 19., qui prescrit l'établissement d'un fossé de 2 mètres de largeur, parallèlement et au-dessus du front de masse;

De l'art. 21, déterminant la forme des piliers et la largeur maximum du ciel;

De l'art. 38, fixant pour les exploitations par puits la largeur des ateliers, les dimensions et la forme des piliers, enfin la largeur du ciel;

Des art. 39 et 40, déterminant, pour les exploitations du même genre : 1° les distances que l'exploitation ne devra pas dépasser si elle ne réunit pas toutes les conditions de solidité désirables, et établissant qu'on devra faire sauter ou combler toutes les parties qui pourraient donner quelque inquiétude ;

Des art. 49, 50, 51 et 53, relatifs aux puits des échelles et aux échelles ;

De l'art. 55, relatif aux exploitations par puits entièrement terminés ;

Si maintenant du règlement spéciale on passe au décret contenant règlement général, on trouve des exemples de la même inexécution, présentés au sujet de l'art. 1er, section 1re, du titre 1er, lequel article veut qu'on n'exploite point, tant qu'on n'a pas obtenu de permission;

De l'art. 15, qui établit que l'exploitant sera tenu de faire connaître, au commencement de chaque année, par un plan de ses travaux, l'augmentation de sa carrière pendant l'année précédente ;

Des art. 19, 20, 21, 22, 25 et 26, s'appliquant au cas de la suspension ou de l'abandon définitif d'une exploitation, et prescrivant les mesures de précautions qui devront être prises dans ces deux circonstances, les travaux de garantie qui devront être exigés, et les moyens à prendre pour en assurer l'exécution ;

Enfin des art. 27 et 28, stipulant que toute exploitation qui présenterait de graves dangers, sera affaissée ou comblée, et prescrivant les mesures à prendre pour assurer l'exécution de ces travaux.

L'énonciation de cette longue série d'infractions aux articles les plus importants des règlements en vigueur trouve sa justification dans les exemples nombreux que j'ai cités avec détail aux divers chapitres de ce rapport, comme aussi dans ceux que renferme encore ce dernier chapitre.

En présence de ces citations si positives, il serait difficile de ne pas reconnaître que les plaintes élevées par les habitants de la butte Montmartre sont fondées, et l'on comprendra, aisément sans doute, que ces habitants, convaincus, comme ils le sont, de l'inexécution des règlements dans le passé, dans le présent, doivent en conclure qu'il est impossible d'obtenir, d'une manière certaine, l'exécution de ces règlements, en ce qui concerne surtout les cavages; ne peuvent par conséquent avoir foi dans l'avenir, et ne font point une demande injuste et exorbitante lorsqu'ils réclament la cessation absolue des exploitations par cavages, et, conformément au règlement, le remblai de tous les vides existants.

L'ingénieur, commis par le conseil municipal de Montmartre pour assister ; dans l'intérêt de la commune, à la vérification générale des plans des carrières y existantes.

Hippolyte HAGEAU,

Ingénieur civil, ancien Élève de l'École Polytechnique, Chevalier de la Légion-d'Honneur, *Rue Coquenard, 8.*

BIBLIOTHÈQUE ROYALE

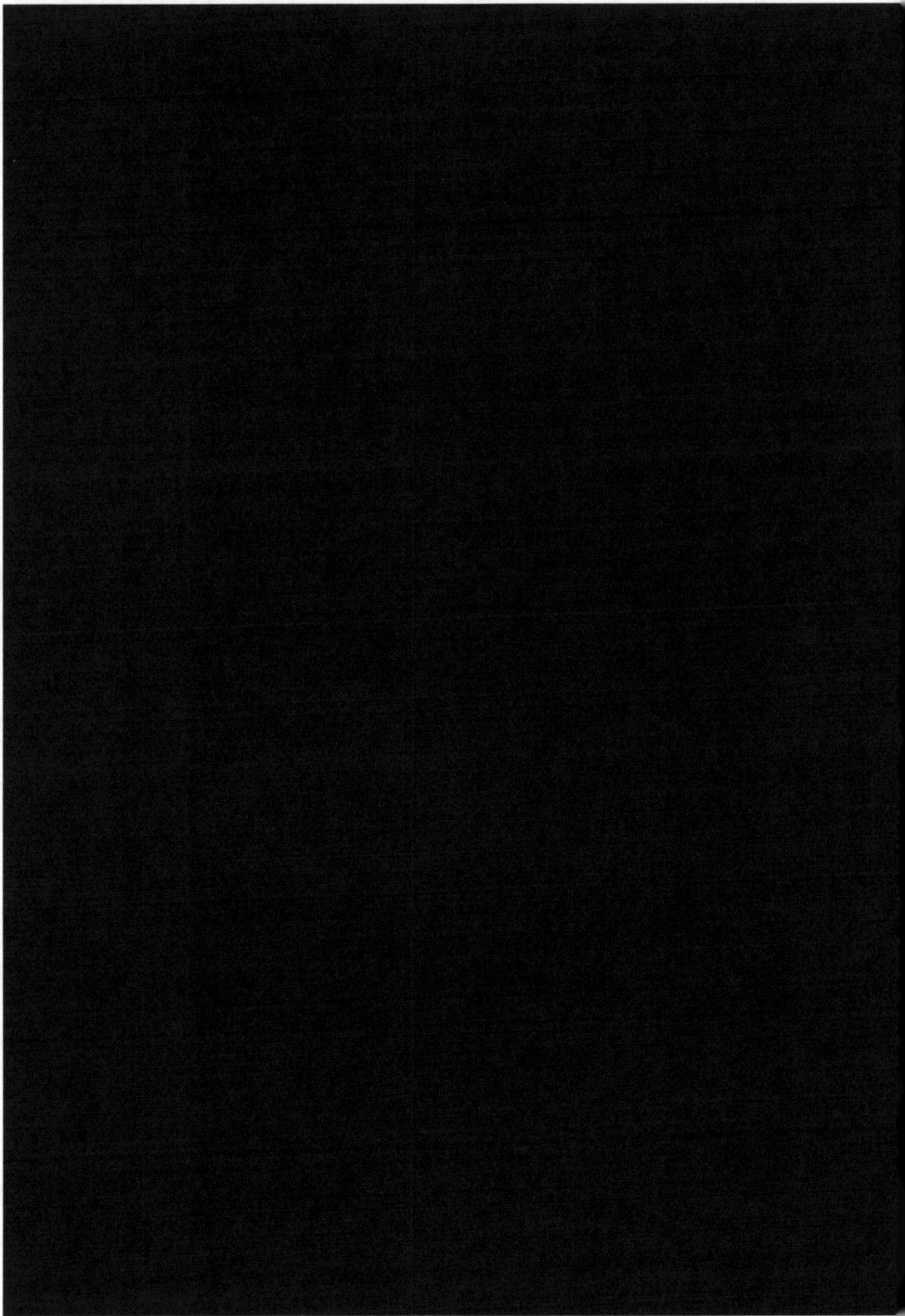

www.ingramcontent.com/pod-product-compliance
Lightning Source LLC
Chambersburg PA
CBHW070804210326
41520CB00011B/1828